Y Gwenynydd:

SEF

LLAW-LYFR YMARFEROL

AR

GADW GWENYN.

GAN

H. P. JONES, DINAS MAWDDWY,

A

MICHAEL D. JONES, BALA.

BALA:
ARGRAFFWYD GAN H. EVANS.

1888.

© Y GWENYNYDD

All rights reserved. No part of this publication may be reproduced, stored in a retrieval system, transmitted in any form or by any means electronic, mechanical, including photocopying, recording or otherwise without prior consent of the copyright holders.

ISBN 978-1-912271-12-2

This semi facsimile has been enlarged from the original size of 11 x 16.5cm to assist readability.

Blemishes and print shadows that appear in this semi facsimile existed in the original edition.

Published by Northern Bee Books, 2017
Scout Bottom Farm
Mytholmroyd
Hebden Bridge HX7 5JS (UK)

Printed by Lightning Source, UK

Cyflwynir y llyfryn cyntaf hwn ar Wenyn yn y Gymraeg yn ddiolchgar drwy ganiatad i Mrs. Price, Rhiwlas, Boneddes ag y mae ei chlod ar led fel un sydd yn dymuno yn dda i'r dosbarth gweithgar, a pharod i roddi ei nhawdd a'i help i bob ymdrech er gwella cyflwr y tlodion, a dyrchafu dynion diwyd o bob gradd.

Yr Awdwyr.

Mai, 1888.

At Mr. Michael D. Jones.

———: o :———

ANWYL SYR,—

Yr wyf yn ddiolchgar iawn i chwi am y teimladau caredig a ddanghoswch yn eich dymuniad i gyflwyno i mi eich llyfr ar Wenyn, a'u hiawn-driniaeth, er lles y Cymry. Mewn amseroedd mor gelyd i amaethwyr, a thrwyddynt hwy i lafurwyr, a bwthynwyr hefyd, dylai unrhyw ymdrech i esbonio cyfrinion galwad mor syml a digost a gwenyn-gadw, a'r ffordd briodol o ystorio a thrîn mel, brofi yn llesiol neillduol, ac y mae grug-fynyddoedd ein Cymru anwyl yn addas gymhell eu gwasanaeth i roddi llwydd i'r fath syniad. Pe cyhoeddid yn y Gymraeg ychydig draethodau syml ac ymarferol cyffelyb ar ganghenau eraill o'n gweithiau cartrefol, mentraf gredu y byddent o wasanaeth mawr. Tra yn dymuno pob llwydd i'ch cyfrol ddyddorol a defnyddiol chwi, ac eiddo Mr. Hugh Pugh Jones, terfynaf gyda difyniad o Shakespeare ag sydd yn fy nhyb i yn briodol.

> "So work the honey bees,
> Creatures that by a rule in nature teach
> The act of order to a peopled kingdom."

Yr eiddoch yn gywir,

EVELYN PRICE.

28/5/88.

RHAGLITH.

Gymry Hoff,—

Y modd y daeth y llyfryn hwn i fodolaeth yw, ymwelodd Mr. Huw Puw Jones, Llanerch, Dinas Mawddwy, â chymydogaeth y Bala, Medi, 1885, i ymofyn gwenyn gyr, a thrwy hyny cefais gyfleustra i ffurfio cydnabyddiaeth ag ef, a gweled ei fedr fel gwenynwr. Wrth weled ei fod yn gallu trin y gwenyn mor ddeheuig, wedi darllen llawer ar lenoriaeth gwenyn, ac er yn ddyn ieuanc, yn meddu pymtheg mlynedd o brofiad fel gwenynwr, er lles fy nghydwladwyr, anogais ef i gyhoeddi llyfr ar y gwenyn, gan nad oedd genym un yn y Gymraeg, â'r hyn y cydsyniodd, ond i mi ei gynhorthwyo. Ffrwyth gwybodaeth brofiadol a darllenol Mr. Hugh Puw Jones yw y traethawd yma ar wenyn, a minau sydd yn gyfrifol am y wisg, neu'r iaith yn mha un y mae yn ymddangos.

Ydwyf,
Yr eiddoch yn wladgar,
MICHAEL DANIEL JONES.

O.Y.—Dymuna'r awdwyr gydnabod yn ddiolchgar y boneddigion canlynol, am eu caredigrwydd mawr yn rhoddi benthyg plociau i wneud y darluniau angenrheidiol i wneud Y GWENYNYDD, sef Thomas William Cowan, Ysw., Gol. y *British Bee Journal*, F.G.S., F.R.M.S.; Mri. John H. Howard, Holme, ger Peterborough; T. B. Blow, Welwyn, Herts; ac Abbot a'i Frodyr, Southall, ger Llundain. He'yd, dymunwn ddiolch yn fawr i Mr. Hugh H. Jones, Pontarisgen, ger Dinas Mawddwy, am y benod ragorol ar Gwch Safonol Cymru.

HUW PUW JONES,
M. D. JONES.

CYFLWYNIAD.

Y Gwenynydd yw'r llyfr cyntaf, yn ôl y ddau awdur, a gyhoeddwyd i drafod gwenyn a gwenyna trwy gyfrwng y Gymraeg. Cyhoeddwyd yn Y Bala yn 1888 gan H.P.Jones a Michael D. Jones. Mae'r enw'r olaf yn gyfarwydd iawn yng Nghymru hyd yn oed heddiw oherwydd dyma'r gŵr a fu flaenaf yn sefydlu'r Wladfa ym Mhatagonia yn 1865. Roedd hefyd yn brifathro Coleg y Bala, sefydliad pwysig yng Nghymru yn ystod y cyfnod. Gŵr blaenllaw fel cenedlaetholwr Cymreig a phwy a wŷr nad ei ysbryd gwladgarol a welodd yr angen am lyfr o'r math yn Gymraeg er dyrchafu'r iaith ac "er lles fy nghyd wladwyr."

Cyflwynwyd y llyfr gan yr awduron i Mrs Evelyn Price, Plas y Rhiwlas, teulu adnabyddus fel tirfeddiannwyr yn y cylch. Efallai fod gan y teulu hwn gyfraniad mewn rhyw fodd yn y cyhoeddiad oherwydd mawr yw'r clod a'r parch a roir iddynt am "ei nawdd a'i help i bob ymdrech er gwella cyflwr y tlodion, a dyrchafu dynion diwyd o bob gradd."

Mae'n anodd dweud yn iawn pwy oedd y prif awdur er yn sicr mai Michael D. Jones a gafodd y clod mwyaf am y cyhoeddiad oherwydd roedd ef yn ffigwr cenedlaethol a'r llall, yn ôl a wyddom, yn gwbl ddi-nod. Ond na fydded i'r ddinodedd hwn fychanu cyfraniad Huw Puw Jones. Yn ôl hen draddodiad ac ambell gyfeiriad rhwng llinellau, 'doedd Michael D. Jones ddim yn wenynwr; ysgrifennu yn unig oedd ei gamp yn y llyfr yma ar ôl derbyn y wybodaeth wenynnol oddi wrth ei gyd awdur. Meddai, " Ffrwyth gwybodaeth brofiadol a darllenol Mr. Hugh Puw Jones yw y traethawd yma ar wenyn a minnau sydd yn gyfrifol am y wisg, neu'r iaith." Eto y mae'n dweud, "Anogais ef i gyhoeddi llyfr ar y gwenyn gan nad oedd gennym un yn y Gymraeg ar hyn y cydsyniodd, ond i mi ei gynorthwyo."

Yn sicr ni chafodd H.P.Jones y clod a haeddai. Pan sonnir mewn trafodaeth ymysg gwenynwyr Cymraeg am y llyfr cyfeirir ato, bron yn ddieithriad, fel llyfr Michael D. Jones heb unrhyw sôn am y cyd-awdur. Go brin y disgwylid i unrhyw werinwr cyffredin, yng nghyfnod Mari Jones cofier, gan mai canran fechan oedd gyda'r gallu i ddarllen dim ond y rhannau mwyaf cyfarwydd yn eu Beiblau i fod yn rhugl ddarllenwyr - ond nid felly H.P.Jones. Medrai'r gŵr hwn, gwerinwr, mewn ardal wledig ddiarffordd fel Dinas Mawddwy ddarllen, ac yn amlwg yn rhugl, y Gymraeg a'r Saesneg, rhywbeth go anghyffredin yn y cyfnod a'r man hwn. Roedd yn gyfarwydd â'r syniadau, y gweithgarwch, a'r dulliau mwyaf modern ym myd y gwenyn a oedd yn cael eu cyflwyno i wenynwyr yn Lloegr ac hyd yn oed yn rhannau o Europ ac America. Roedd ysgrifau a llyfrau Cowen, gŵr amlwg yn y cyfnod yma ym myd gwenyna, gyda chystylltiadau â'r America, yn gyfarwydd iddo yn ogystal a gwŷr eraill â'u bryd ar "Encouragement, Improvement and Advancement of Bee Culture in the United Kingdom." Na, nid gwenynwr syml oedd Hugh Puw Jones er lleied y clod a gafodd yn ei gyfnod.

Roedd cyhoeddi 'Y Gwenynydd,' llyfr prin iawn erbyn heddiw, yn gam blaenllaw iawn ym myd gwenyna yng Nghymru a chlywir hyd yn oed heddiw am wenynwyr yn prisio'i werth a'i wybodaeth. Roedd aros tan 1888 yn gyfnod hir cyn cael arweiniad ysgrifenedig i'r grefft. Mae hyn yn gryn syndod o gofio fod lle i wenyn ac yn enwedi perchnogaeth haid o wenyn yn cael lle amlwg yng nghyfreithiau Hywel Dda yn ystod y nawfed ganrif. Efallai mae'r rheswm am hynny oedd mai gweithgarwch gwerinol yng Nghymru oedd cadw gwenyn er fod bee bols, sef manau i gadw cychod gwenyn gwellt yn sych a diogel i'w cael yng ngerddi nifer o blasau ond eto y garddwr cyffredin di-addysg oedd yn gyfrifiol am ddwyn y mêl i fwrdd y sgweir.

Roedd y cyhoeddiad hwn yn digwydd bod ar drothwy cyfnod newydd ym myd cadw gwenyn. Roedd yr hen sgep, y cwch gwenyn a blethid o wellt gyda'i grwybr sefydlog yn araf rhoi ei le i'r cwch modern o bren gyda'i ystramiau (fframiau i ni heddiw) symudol. Ceisiwyd cynnwys hyn yn y llyfr a throsglwyddo gwybodaeth a dulliau ymarferol y ddau gyfrwng. O ddarllen y llyfr heddiw mae un peth yn amlwg iawn sef, er ei fod yn gant a hanner oed, eto i gyd mae'n dal yn fodern iawn wrth drafod dulliau a chrefft y "dull newydd," hyd yn oed yr un mor fodern a rhai llyfrau, digon diafael, a gyhoeddir heddiw, Mae'r darluniau, wrth gwrs yn hen ffasiwn a'r eirfa hefyd felly er fod rhai o'r geiriau yn dal mewn defnydd heddiw. Nid mater bach oedd bathu geirfa ar gyfer maes newydd; ar y cyfan mae'r darllen yn syml ac yn rhwydd. Mae'n rhaid cyfaddef fod y darllen lawer yn fwy rhugl a slic na'r hyn a geir gan eirwyr a chyfieithwyr Llywodraeth Cymru heddiw yn y pamffledi a gyhoedda ar gadw gwenyn.

Yn y bennod ar blanhigion sy'n cynhyrchu neithdar dan y penawd "Ymborth Gwenyn" mae lle amlwg a chlod mawr yn cael ei roi i'r feillionen wen gan sôn am y ffrwd o neithdar a ddaw ohoni, yn wir, mae'n sicr mai y rhain sydd yn cynyrchu'r mêl gorau. Erbyn heddiw prin ac anwadal yw'r ffrwd o neithdar o'r blodyn hwn. Tybed a yw gwyddonwyr cynnyrch y maes a'r ffridd ein hoes fodern wedi datblygu cymaint ar borfeydd a phlanhigion fel y feillionen fel nad ydynt bellach yn cael eu cyfrif fel prif lif neithdar ein gwenyn?

Diddorol yw'r gymhariaeth rhwng y cyfnod yma a'n cyfnod ni heddiw. Mae newid mawr wedi bod ac o ddewis mae'n siwr gen i y byddai'n well gan lawer gwenynwr gadw gwenyn yng nghyfnod y llyfr hwn na heddiw. Cyfnod gydag amser i wir gadw gwenyn, ffrwd o neithdar ar dywydd ffafriol, ac heb na haint nac angen meddygyniaeth, - mor belled ag y caem ddefnyddio ein hoffer modern hwylus heddiw.

Hydref 2017   Wil Griffiths, Comins Coch.

Y GWENYNYDD.

GWENYN.

YMBORTH GWENYN.

Mae e yn hen ddywediad yn mhlith y Cymry fod y wenynen yn greadur mor ddeheuig, fel y tyn hi fêl o gareg. Dywedwn ninau na fedr hi dynu peth o gareg a'r nad yw yno i'w gael, ac nid oes dim mel mewn careg. Gwelir y gwenyn yn disgyn yn fynych ar geryg i orphwys, a phryd arall i dori eu syched, trwy lyfu gwlybaniaeth oddiarnynt, ond nid ydynt un amser yn tynu mel o honynt. Blodau gwahanol lysiau sydd yn cynyrchu mel, a chan fod y rhai hyn i'w cael yn olynol o ddiwedd Mawrth hyd ddechreu Tachwedd, ceir maes i'r gwenyn lafurio am tua chwe mis o'r flwyddyn, mwy neu lai, fel y dygwyddo'r tymhor fod.

Er mwyn i'r gwenynwr ddeall pa gymydogaethau yw y rhai goreu i gadw gwenyn, rhoddwn yma restr o'r llysiau a gynyrchant fwyaf o fêl, a'r tymhorau y tyfant.

Diwedd Ebrill a Mai, y blodau cyntaf a gânt yw "Dint y Llew," y rhai a roddant fêl iddynt. Heblaw mel, rhaid i wenyn gael *paill*, neu *fara gwenyn*, yr hwn a gludant yn glapiau wrth eu cluniau, a'r hwn yw yr ymborth a roddant i'r gwenyn ieuainc. Wrth fyned i ganol y *paill* ar y blodau, daw ambell i wenynen yn ol i'r cwch yn baill melyn i gyd drosti, fei melinydd yn nghanol llwch y felin. Y *paill* sydd yn rhoddi gewynau i'r gwenyn, a'r mel sydd yn cynyrchu gwres o'u mewn. Yn Ebrill y mae yr helyg yn blodeuo, ac y ceir arnynt y callion a eilw plant y wlad yn "cywion gwyddau." Hefyd ceir y blodau eithin yn helaeth y mis hwn, y rhai a gynyrchant baill, ond nid yn yr un helaethrwydd a helyg. Yn mis Ebrill y blodena drain duon; y rhai sydd yn llawn o fêl a phaill, os bydd yr hin yn gynhes. Coed eirin Mair, a choed rhyfwydd (*currants*) yn y gerddi a roddant fêl y mis hwn. Mae "Dint y L'ew" yn mhob man i'w gael, ond am y llysiau eraill a nodir, mewn cymydogaethau arbenig y maent. Os ceir helaethrwydd o'r naill neu'r llall, bydd gan y gwenyn gyfle i ddechreu eu tymhor gweithio yn gynar yn y flwyddyn.

Yn mis Mai ceir mel a phaill yn ehelaeth ar goed ffrwythau, sef coed eirin duon, cochion, a gwynion, y rhai a gynyrchant fêl a phaill; coed afalau, y rhai a gynyrchant fêl yn benaf, a pheth paill; ac yn arbenig coed masarn, neu sycamorwydd, y rhai ydynt yn doreithiog o fêl rhagorol. Hefyd mae drain gwynion yn rhoddi mel y mis hwn, yr hwn nid yw y mel goreu, a rhoddant hefyd beth paill. Mae celyn hefyd yn gynyrchydd mel gwael, ar yr hwn y mae blas anymunol. Ar goed gellaig ceir mel rhagorol.

Yn nechreu mis Mehefin y mae y cynhauaf mel yn brin, ac y mae natur yn rhoddi cyfnod i'r gwenyn orphwys, rhag iddynt or-weithio eu hunain, ond y mae ychydig o baill a mel i'w gael i'w cadw rhag bwyta o'r cwch. Yn niwedd Mehefin mae yr ail, a phrif gynhauaf y mel i'w gael oddiar y meillion gwynion a melynion (trefoil), a hwn yw y mel goreu oll. Dyma brif adeg y gwenyn i ystorio erbyn y gauaf. Mae mel rhagorol yn y meillion (clover) cochion, ond y mae yn rhy ddwfn yn y blodeuyn i'r gwenyn allu ei gasglu, oddieithr i wenyn Itali a Chyprus, y rhai ydynt yn hwy eu pigau na gwenyn eraill. Mae'r meillion gwynion yn para hyd ddiwedd Gorphenaf. Mae meillion bastardd a elwir yn *Alsike* yn cael eu defnyddio yn fawr y dyddiau hyn yn lle meillion cochion, y rhai a roddant doraeth o fêl tra rhagorol. Parha y rhai hyn i flodeuo hyd nes daw y grug yn Awst. Mewn rhai ardaloedd y mae pisgwydd i'w cael, y rhai a gynyrchant fwy o fêl na dim, ond nid yw yn gystal mel ag a geir o'r meillion. Yn niwedd Gorphenaf y blodeua y pisgwydd.

Yn Awst y mae y cynhauaf diweddaf o fêl i gael dim oddiwrtho, sef mel y grug. Mae hwn yn fêl da, ond nid cystal a mel y meillion. Pery y cynhauaf hwn hyd ganol Medi. Casgla'r gwenyn ychydig fêl os bydd yr hin yn dyner, oddiar yr eithin yn niwedd Medi, ac oddiar yr eiddew yn Hydref a Tachwedd. Nid yw y mel olaf ond un pur wael, ac o liw tywyll. Dyna ddiwedd ar y cynhauaf mel. Mae amryw flodeu eraill nad ydys wedi eu henwi y ceir mel oddiarnynt, ond y rhai a nodir uchod yw maes porfa penaf y gwenyn.

RHYWIAU O WENYN.

Mae tri rhyw o wenyn yn y cychod yn ystod yr haf, sef y Frenhines, y begegyron (drones), a'r gwenyn gweithgar.

1.—Brenhines.   2.—Begegyr.   3.—Gweithreg.

Y Frenhines yw y fam-wenynen, ac epil iddi hi yw pob gwenynen yn y cwch. Ar dywydd ffafriol, dodwa hi tua dwy fil o wyau yn y dydd, gan leoli un wy yn mhob cell chweonglog o'r crwybr. Y begegyron yw y gwr-rywaid, ac y maent yn amrywio mewn rhif yn ol nerth y cwch, dyweder rhyw dri chant mewn haid gweddol gref. Nid oes gan y begegyron yr un colyn. Mae gan y Frenhines golyn, yr hwn nid yw yn ei ddefnyddio ond anaml. Mae y begegyron yn cael eu galw i fod tua dechreu y tymhor heidio, i ffrwythloni y Brenhinesau ieuainc, ac ar ddiwedd yr haf y maent yn cael eu lladd gan y gwenyn gweithgar, os bydd ganddynt Frenhines, onide cadwant y begegyron yn fyw dros y gauaf. Dylid gofalu dodi Brenhines yn y cwch, os gwelir y begegyron yn fyw ar ol diwedd Medi. Os cymerant y Frenhines yn foddog, y gwaith cyntaf a wnant yw lladd y begegyron, a'u bwrw o'r cwch, am nad oes eu heisieu i ddifa'r mel, yr hwn nid ydynt byth yn ei gasglu. Felly y mae yn y cwch yr haf dri rhyw o wenyn, a dim ond dau y gauaf. Nid yw y gwenyn gweithio yn epilio, ond gwnant bob gorchwyl perthynol i'r cwch heblaw dodwy, megys casglu mel, gwneud crwybr, magu y rhai bach, glanhau y cwch, a'i amddiffyn, i'r hyn y maent wedi eu harfogi â cholynod. O dan rhyw amgylchiadau eithriadol gall y gwenyn gweithio ddodwy, o herwydd mai menywod heb eu dadblygu ydynt, ond ni ddeora'r wyau hyny ond ar fegegyron. Mae oes y Frenhines tua phum mlynedd, tra na fywia y gwenyn gweithio ond ychydig fisoedd, mwy neu lai, yn ol eu llafur.

TRAWSNEWIDIAD GWENYN BACH.

Mewn pedwar diwrnod ar ol i'r Frenhines ddodwy, deoa'r wy ar gynrhonyn, yr hwn a borthir am bum niwrnod â mel a phaill. Ar y nawfed dydd cauir y gell â chymysgedd o gŵyr a phaill, fel ag i beidio cau'r awyr allan yn hollol. Y mae'r Frenhines yn deor yr unfed dydd ar bymtheg, y gwenyn gweithio yr unfed dydd ar hugain, a'r begegyron y pedwerydd diwrnod ar hugain. Mae y Frenhines yn alluog i fyned allan mewn pum niwrnod ar ol ei deor. Y gwenyn gweithio, a'r begegyron, a ânt allan mewn pythefnos ar ol dyfod allan o'r celloedd.

CRWYBR Y GWENYN.

Gwreir y crwybr o gwyr, yr hwn sydd frasder a ymweithia o'r gwenyn gweithio pan y byddont yn segur, ac yn cael eu porthi yn helaeth â mel. Cymer tuag ugain pwys o fêl i wenyn adeiladu un pwys o grwybr. Mae y crwybr yn cael ei lunio yn gelloedd o dri math, dau o honynt yn gelloedd chweonglog, sef celloedd mân y gwenyn gweithio, a chelloedd brasach y begegyron.

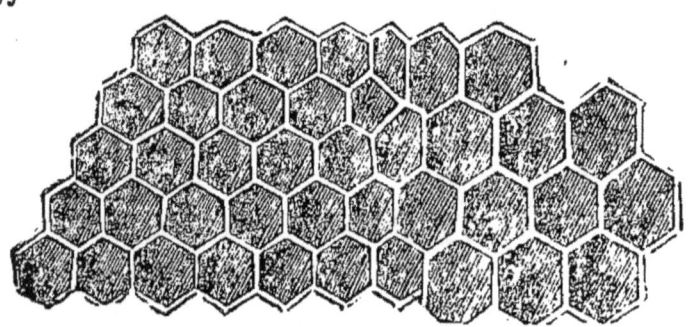

4.—Celloedd y Begegyron a Gwenyn Gweithio.

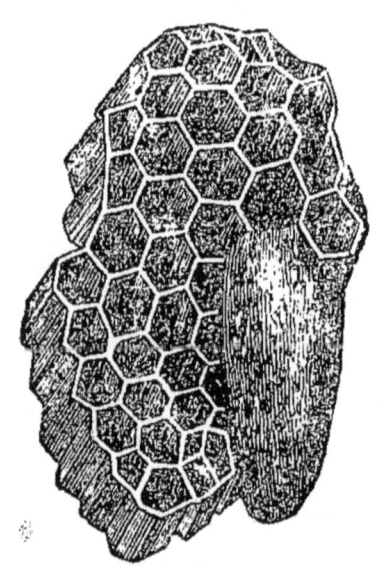

5.—Cell Brenhines.

Mae cell y Frenhines yn wahanol i'r rhai uchod, drwy ei bod fel mesen yn hongian o ymyl y crwybr, yn hwy, ac yn grwn oddifewn. Ar adeg heidio, ceir amryw o honynt i fagu Brenhinesau bychain. Ar ol i'r Brenhinesau ddeor, tora y gwenyn y celloedd hyn ymaith, gan na fegir Brenhinesau ynddynt drachefn.

Y GWENYN YN EPILIO.

Mae gwenyn yn dechreu epilio yn Nghymru yn niwedd Ionawr neu yn ystod Chwefror. Er eu bod yn lleihau mewn rhif yn ystod y gauaf, drwy nad oes rhai ieuainc yn cael eu magu i gymeryd lle yr hen rai sydd yn marw; eto cynyddant mor fawr drwy epilio, fel y bydd y cychod yn orlawn o wenyn erbyn diwedd Mai neu Mehefin. Dylai y gwenynwr edrych ei gychod ddiwedd Mawrth os bydd y tywydd yn ddigon cynhes, ac os bydd yno brinder o fêl, dylai eu porthi, er mwyn eu symbylu i epilio. Gwel *Porthi*. Os na fydd y cychod yn llawn o wenyn gweithio erbyn adeg y prif gynhauaf mel, sef Mehefin a Gorphenaf, bydd yn analluadwy prisio y golled o fêl, am na fydd yno ddigon o benau i'w gasglu.

GWAHANOL HIL O WENYN.

Mae gwenyn Cymreig yn ddigon adnabyddus, fel na raid eu desgrifio i'r gwenynwr. Eu rhagoriaethau yw eu bod wedi eu haddasu gan Natur at eiu gwlad, ac felly yn llai agored nag unrhyw wenyn i gael yr afiechyd sydd yn nychu mathau estronol o wenyn. Yn ol yr hen drefn o gadw gwenyn, ac mewn cychod gwellt, nid oes eu rhagorach i ymladd eu ffordd heb ofal y gwenynwr. Mae rhywogaethau estronol yn gofyn mwy o ofal, ac amddiffyniad.

GWENYN ITALAIDD.

Mae gwenyn Italaidd yn debyg o ran maint i'r gwenyn Cymreig, ond y maent yn oleuach, a chanddynt dair modrwy euraidd a melyngoch y tu ol i'w hadenydd. Mae eu Brenhinesau yn fwy epilgar o lawer na rhai Cymreig, a'u gwenyn yn fwy gweithgar, gán ddechreu yn foreuach, a dal ati yn hwyrach. O herwydd hwynt, y cychod gwellt yw y rhai goreu. Ond os boddlonir i gymeryd y drafferth sydd reidiol, cychod coed gyda chrwybrau symudol yw y goreu o ddigon.

Y MODD I DRIN GWENYN MEWN CWCH GWELLT.

Dylai y cwch gwellt fod a thop gwastad iddo, a thwll ynddo, o leiaf ddwy fodfedd a haner o drawsfesur. Dymunol fyddai iddynt fod oll o'r un maint, er mwyn eu peillaw ar benau eu gilydd, yn ol fel y byddo cynydd yr haid yn gofyn. Tua diwedd Mai, neu ddechreu Mehefin, pan y byddo y cwch yn orlawn o wenyn a'r tywydd yn gynhes, tyner y topyn sydd yn nhop y cwch, a rhodder cwch gwag ar ei ben. Y mae croes briciau yn y cwch yn gymhorth i'r gwenyn i sadio y diliau fel y gellir symud y cychod, ac hefyd er cadw y diliau rhag cwympo ar dywydd cynhes. Hefyd rhodder clai neu forter o gylch ymylon y cwch uchaf, i gadw yr oerni allan, a rhodder hulyn drosto i'w gadw yn gynhes, onide nid ä y gwenyn o'r cwch isaf iddo. Buddiol fyddai gosod darn o grwybr yn nhop y cwch uchaf, er denu y gwenyn i fyny.

Os bydd y diliau yn y cwch yn hen, gwell fyddai gosod y cwch dodi yn isaf, ac nid ar ben y gwenyn, er mwyn iddynt fyned i lawr. Trwy fod y gwenyn yn arfer ystorio eu mel yn y cwch uchaf, ceir yr hen gwch i'w dynu ymaith yn niwedd y tymhor, gan adael yr haid i auafu yn y cwch isaf, lle y ceir y diliau yn newyddion. Ar yr un pryd, gauafa gwenyn yn well mewn crwybrau heb fod yn ffres, am fod rhai dipyn o oed beth yn gryfach, tewach, a chynbesach. Ni ddylid eu gadael i fyned dros deirblwydd oed, o herwydd fod y celloedd yn myned yn rhy gyfyng i fagu. Lle y mae gwlad fras a thoreithiog o fel, llanwa gwenyn fwy na llonaid un cwch dodi, a gellir gosod y trydydd gwch ar ben yr ail. Os gosodir y trydydd, dylai hwnw fod ar y top ar bob cyfrif, ac nid o dan y ddau arall. Os byddys am gael mel diliau yn y modd mwyaf marchnadol, rhodder rhestl (crate) o adranau (sections) ar ben y cwch gwellt, gydag amflwch o'i gylch i'w gadw yn gynhes. Gellir peiliaw dau neu dri rhestl ar benau eu gilydd, er mwyn i'r gwenyn gael digon o le i ystorio'r mel, ac i'w cadw rhag heidio.

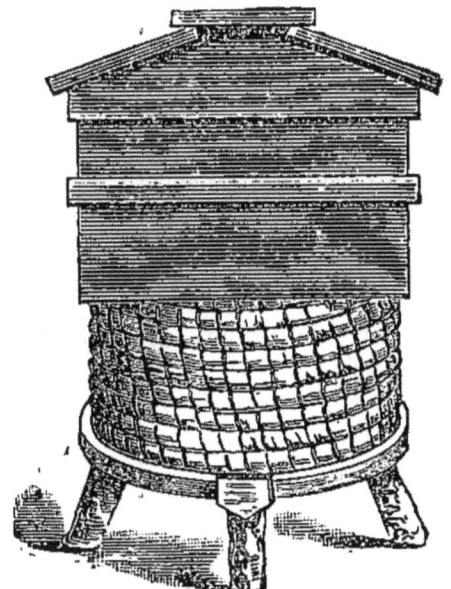

6.—Cwch Gwellt i weithio'r adranau.

Gellir tynu ymaith yr adranau fel y byddo'r gwenyn yn eu llenwi, a rhodder rhai gweigion yn eu lle. Mae'n ofynol rhoddi crwybr gwneud (comb foundation) yn yr adranau i'r gwenyn gychwyn eu diliau arno.

Maint arferol yr amflwch yw pymtheg modfedd ysgwâr, wrth naw modfedd o ddyfnder.

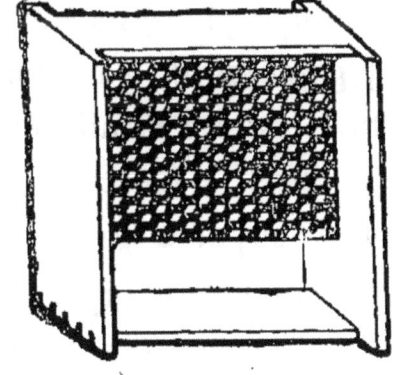

7.—Adran gyda Chrwybr dodi.

Yn haner ei ddyfnder dylid hoelio bwrdd, neu os myner rhyw bedair modfedd a haner o'r top, gyda thwll yn ei ganol, i gyfateb i'r twll yn nhop y cwch. Ar y bwrdd yma gosoder y rhestl, a dylid ei gyfleu fel y gallo y gwenyn fyned yn rhwydd o dan yr holl adranau. Y rhestl a wedda yn yr amflwch hwn yw un a ddeil ddeunaw o adranau pwys yr un. Ar ben yr adranau gosoder hulyn o liain, calico, neu garped. Ar hwnw doder clustog o fanus, neu rywbeth cynhes. Oddifewn yr un modd, rhwng yr amflwch a'r cawell, gwthier clustogau bychain o fanus, i gadw ochrau y rhestl yn gynhes. Mae calw gwres priodol yn yr adranau yn hanfodol i'r gwenyn weithio. Os bydd y cwch allan yn yr awyr agored, gofaler am osod to i'w ddiddosi yn effeithiol. Gwel darlun 6ed.

CYCHOD COED, A CHRWYBRAU SYMUDOL.

Mae y cychod coed yn tra rhagori ar y cychod gwellt, i'r gwenynwyr a feddant anturiaeth i goledd gwenyn ynddynt, am fod y gwenynwyr yn gallu trafod y gwenyn fel y mynont. Gellir newid y crwybrau o'r naill gwch i'r llall, neu eu symud os bydd angen yn yr un cwch. Gellir cymeryd ystramiau (frames) o epil y gwenyn, o gychod cryfion, a'u dodi mewn cychod gweiniaid, i'w cryfhau. Gellir magu Brenhinesau fel y mynir, a gwneud heidiau gyr, neu atal heidio yn gyfangwbl, yr hyn sydd yn hanfodol i sicrhau cynhauaf mawr o fêl. Gellir hefyd atal magu gormod o fegegyron, y rhai sydd yn difa mel, heb gasglu dim. Ar nnrhyw adeg, gellir edrych cwch coed i weled cyflwr yr haid a fyddo ynddo, yr hyn nis gellir wneud gyda chwch gwellt. Os bydd y diliau epilio wedi eu gorlenwi â mel, fel nas gallo y Frenhines gael lle i ddodwy, ceir cyfle i'w tynu allan, i dynu y mel o honynt gyda'r tyniedydd (extractor), a'u dodi yn ol yn lân, i'r Frenhines gael lle i ddodwy, yr hyn sydd yn hanfodol er atal heidio.

Mae llawer o wahanol fathau o gychod coed, y rhai a ellir eu rhanu i ddau ddosbarth, sef yn 1, Cychod a beilir ar dopiau eu gilydd; 2, Cychod estynol (combination hives), y rhai a weithir drwy estyn y rhestr crwybrau. Pa gwch bynag a ddewisir, dylid gofalu ei fod o'r maint safonol. Mae'r ystramiau drwy Brydain oll o'r un faintioli, fel y gwelir wrth y darlun rhif 8. Mae bar y top mewn rhai ystramiau yn 15½ modfedd, yn lle 17 modfedd, i ateb i drwch y coed.

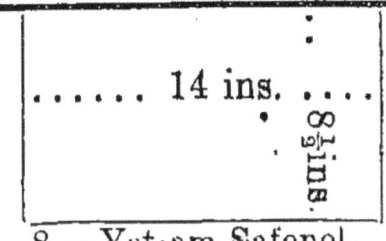

8.—Ystram Safonol.

CYCHOD PEILIAW.

Mae amryw fathau o gychod peiliaw, ond y goreu yw yr hwn a elwir yn gwch Cowan, sef enw y gwr a'i dyfeisiodd. Cynwysa goffr A. wedi ei wneud o fwrdd dêl modfedd. Mae e yn 14½ modfedd o'i wyneb i'w gefn, ac yn 8⅞ o ddyfnder, yr hyn yw y mesuriad tu fewn. Cymerer yr ystramiau safonol gyda bar top o 15½. B. yw y bwrdd llawr, wedi ei wneud o fwrdd 1¼ modfedd o drwch, wedi ei gryfhau â dellten a soddir i'r gossil C. Torer y fynedfa D. ½ modfedd o ddyfnder, ac 8 modfedd o led, o'r bwrdd llawr. Gwneir yr amflwch F. o fwrdd dêl ⅝, a gorphwysa ar y bwrdd llawr B. I atal y gwlaw ddyfod i fewn, yn y cydiad rhwng yr amflwch a'r bwrdd llawr, hoelier asen o bren G. Cydrhwng yr amflwch a'r cwch A, doder yr ystyllen H, er atal y gwenyn i fyned i fewn i'r amflwch. O dan y porth E., yr hwn sydd wedi ei sicrhau wrth yr amflwch, hoelier darn o bren I., gyda rhigol ynddo i ddau glawr lithro yn ol a blaen er lleihau neu fwyhau y drws. Mae y to K. yn diddosi'r cyfan. Gwel darlun 9fed. Os bydd y cwch mewn ty gwenyn, ni fydd angen am yr amflwch na'r tô.

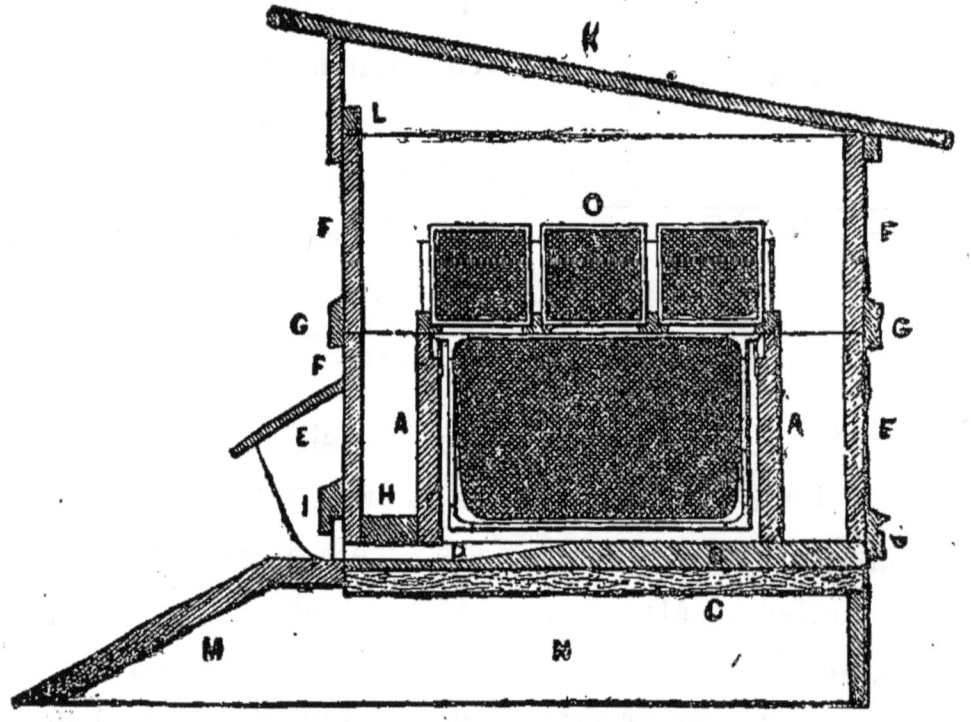

9.—Cwch Cowan.

Ffugyr 10fed sydd yn rhoddi golwg ar dalceni yr ystramiau oddifewn i'r cwch, pan y trefnir ef i fod yn gynhes a chlud erbyn y gauaf. P.P. yw y ddau wahanfwrdd sydd yn cyfyngu'r cwch, cydrhwng y rhai y mae chwech o ystramiau yn llawn o grwybr, mel, a gwenyn.

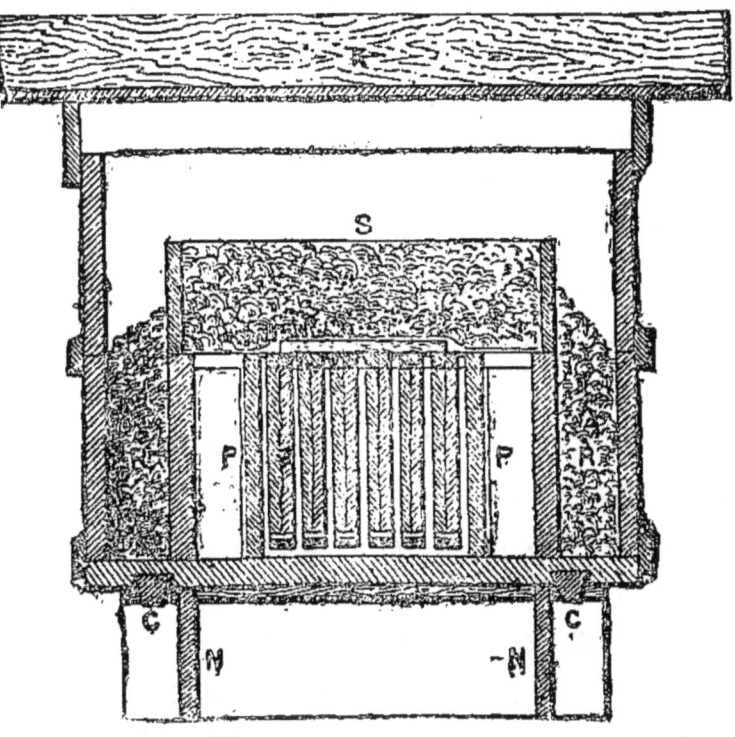

10.—Cwch Cowan wedi ei baratoi at auafu.

Llanwer y gwagle sydd cydrhwng yr amflwch a'r cwch â manus, neu wellt wedi ei dori. Ar ben yr ystramiau, rhodder hulyn o galico, carpet, neu lian, ac ar hwn eto, doder clustog o fanus, neu wellt wedi ei dori.

Y MODD GOREU I WEITHIO'R CWCH UCHOD ER CAEL MEL YN Y DILIAU.

Tua chwech wythnos cyn y daw y cynhauaf cyntaf o fêl, dylid symbylu y Frenhines i ddodwy, drwy borthi'r cwch yn rheolaidd, dyweder â chwarter pint o surfedd (*syrup*) bob dydd. Gwel *Porthi*. Pan y byddo'r gwenyn wedi lluosogi nes cuddio y chwech ystram a fyddo ganddynt y gauaf, rhodder un ystram ychwanegol iddynt, a pharhaer i ychwanegu ystramiau yn ol fel y byddo'r gwenyn yn cryfhau, hyd nes llanwer y cwch. Bydd yn ddigon buan yn Nghymru, o leiaf mewn ardaloedd uchel i ddechreu porthi tua chanol Ebrill, ond mewn manau isel, lle y mae llawer o goed afalau, a ffrwythau eraill, gellir dechreu porthi tua diwedd Mawrth, os bydd y tymhor yn un agored, fel y byddo'r gwenyn yn barod i gasglu y cynhauaf cyntaf o fêl oddiar flodau coed ffrwythau, tua diwedd Ebrill neu Mai. Mae e o'r pwys mwyaf i gael y cychod yn gryfion o wenyn erbyn y cynhauaf mel, o herwydd casgla un cychaid cryf o wenyn fwy o fêl na thri o rai canolig. Os na fydd yr heidiau yn gryfion, gwell fyddai uno dwy o'r heidiau gyda'u gilydd, i wneud un cychaid cryf. Gwel *Uno*. Ni wiw dysgwyl cael dim mel gan heidiau gweiniaid, am y cymerant yr oll o'r cynhauaf mel i ymgryfhau yn y cwch. Nod y gwenynwr llwyddianus yw, CADW'R HOLL HEIDIAU YN GRYFION AT DDECHREU Y CYNHAUAF MEL.

Pan fyddo cwch wedi ei orlenwi â gwenyn, a chyflawnder o fêl i'w gael yn y blodau, doder y rhestl adranau ar dop y cwch (gwel darlun 9fed, a'r llythyren O) wedi rhoddi crwybrau dodi ynddynt. Pan y byddo'r gwenyn wedi dechreu gweithio yn yr adranau, coder y rhestlaid i fyny, a rhodder un gwag odditano, wedi ei baratoi â chrwybr dodi yr un modd a'r llall. Os bydd y cwch yn llawn iawn o wenyn, a'r tywydd yn boeth, gwell fyddai dodi y trydydd rhestlaid rhwng y ddau. Pan fyddo'r gwenyn wedi gorphen llenwi'r adranau yn y rhestl uchaf, cymerer ef ymaith, a thyner yr adranau llawn o hono, a llanwer y rhestl ag adranau gweigion, wedi eu paratoi fel y nodwyd uchod, a doder ef cydrhwng y ddau restl arall, neu doder ef yn agosaf at y cwch. Cofier fod yn hanfodol gwneud y rhestl yn gynhes, yn enwedig i weithio'r adranau cyntaf, onide heidio a wna'r gwenyn, gan adael yr adranau heb eu gweithio o gwbl. Hefyd gofaler rhoddi digon o le i'r gwenyn RHAGLLAW i weithio. Os unwaith y teimlant fod prinder lle i ddodwy neu ystorio mel, paratoant at heidio, ac wedyn nid oes dim a'u hetyl. Pe dygwyddai i'r gwenyn er pob gofal heidio, a'r gwenynwr ddim am amlhau ei gychod, cycher yr haid mewn cwch gwellt, yn ol y dull cyffredin. Os bydd y Frenhines yn hen, chwilier am dani, a lladder hi. Cymerer yr adranau oddiar y cwch. Torer ymaith holl gelloedd y Brenhinesau ond un. Doder yr adranau yn eu holau, a chymerer yr haid, a thywallter hi ar lian mawr o flaen y cwch, pryd y rhedant i fewn iddo. Os bydd y Frenhines yn ieuanc, a'r gwenynwr ddim am ei lladd, torer ymaith yr oll o gelloedd y Brenhinesau, a chymerer y crwybrau oddiarnynt ond pedair, a doder hwynt i gryfhau cychod eraill. Llanwer y cwch ag ystramian gwag, wedi eu paratoi â chrwybr dodi. Yna tywallter yr haid YN NGHYDA'R FRENHINES o flaen y cwch fel o'r blaen, ac wedi iddynt fyned i fewn, gweithiant gyda mwy o yni na chynt. Fel rheol, ni fydd ar gwch fel hwn un duedd i heidio wedyn y flwyddyn hòno.

Y MODD GOREU I GAEL MEL HIDL.

Pan fyddo'r cwch yn orlawn o wenyn, yn lle rhoddi rhestlaid o adranau, doder cwch arall ar ei dop

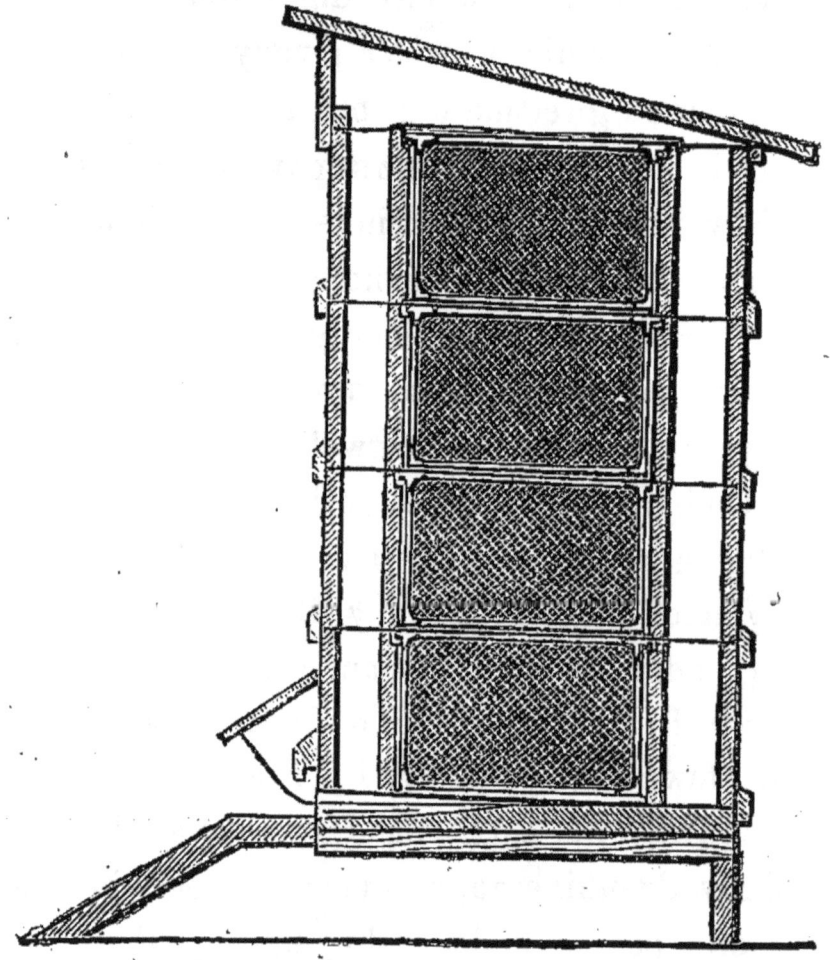

11.—Cwch Cowan yn bedwar uchdwr.

neu odditanodd. Cymerer dau neu dri o grwybrau, ag epil naw diwrnod oed ynddynt (capped brood), a doder hwynt yn y cwch uchaf, a rhodder ystramiau gweigion gyda chrwybr dodi ynddynt yn eu lle yn y cwch isaf. Os bydd y tywydd yn gynhes, a digonedd o wenyn yn y cwch, gellid llenwi y cwch uchaf ag ystramiau gyda chrwybr dodi. Os bydd y tywydd yn oer, ac heb lawer o wenyn yn y cwch, llanwer tua haner y cwch yn unig, a doder y gwahanfwrdd wrth ochr yr ystramiau, er mwyn cadw'r gwenyn yn gynhes. Doder hulyn i'w gorchuddio yn y cwch uchaf, a dylid gwthio hulyn arall lawr ar dop yr ystramiau yn y cwch isaf, lle nad yw y cwch uchaf yn ei orchuddio. Gellir llenwi'r cwch ag ystramiau, fel y byddo'r gwenyn yn cryfhau. Pan y byddo'r gwenyn wedi llanw'r ddau gwch, rhodder trydydd gwch rhwng y ddau, gydag ystramiau a chrwybr dodi ynddynt. Os byddys yn dewis, gellir dodi gwahanlen sinc ar dop ystramiau y cwch isaf, i atal y Frenhines ddodlwy yn y ddau gwch uchaf, y rhai y dylid eu cadw at ystorio mel yn unig. Pan y byddo'r Frenhines ar adegau yn hynod o epilgar, drwy fod y wlad yn doreithiog o fêl, bydd yn ofynol cael y pedwerydd cwch, i'w osod rhwng y cwch isaf a'r ail. Er arbed costau, gellir tynu y mel o'r cwch uchaf â'r tyniedydd, a'i roddi yn ei ol yn wag rhwng y cwch isaf a'r ail gwch, ond gwell yw gadael y mel yn y cwch i'w gyflawn addfedu, a'i gapio. Gwel darlun 11eg.

Os bydd yn nechreu y cynhauaf mel ddau gwch yn weddol gryfion, heb fod yn orlawn o wenyn, y llwybr goreu yw cymeryd y crwybr epil yn llwyr o un cwch, ac ysgwyd y gwenyn yn eu holau i'r cwch hwnw. Rhodder ystramiau gyda chrwybr dodi yn eu lle, a rhodder y crwybr epil mewn cwch gwag uwch ben y llall. Felly byddys wedi gwanhau un cwch i wneud y llall yn gryf o wenyn. Cyn pen ychydig ddyddiau, bydd y cwch a gryfhawyd yn orlawn o wenyn, am y bydd yr epil yn deor yn yr uchaf a'r isaf, a llenwa y gwenyn y cwch uchaf â mel, can gynted ag y deora'r gwenyn. Bydd yn ofynol naill ai tynu y mel, neu ddod trydydd gwch rhwng y ddau. Ni wna'r cwch a wanhawyd ofyn am ychwaneg o le hyd pen tair wythnos ar ol cymeryd yr epil oddiarno, pryd y gellir dodi adranau arno i'w gweithio, neu gychaid o ystramiau gweigion, a chrwybr dodi ynddynt. Bydd yn fantais bob amser cael crwybrau gweigion, er mwyn arbed y llafur i'r gwenyn o wneud crwybr yn adeg casglu mel, a gellir cael digonedd o'r rhai hyn drwy roddi crwybr dodi i'r gwenyn i'w dynu allan ar dywydd gwlyb, neu pan y byddo ond ychydig o fêl i'w gael, pryd y bydd yn fuddiol eu porthi yn raddol. Gwel *Porthi*. Ar ol i'r gwenyn weithio'r crwybrau, gellir eu tynu allan o'r cwch, a'u cadw nes byddo angen am danynt. Os bydd y gwenyn wedi ystorio mel neu surfedd, dylid ei dynu â'r tyniedydd, a rhodder hwynt mewn cwch gwag uwchben y cwch i'w llyfu yn lân cyn eu cadw; os bydd lle, gellir eu dodi tu ol i'r gwahanfwrdd, gan ei godi ychydig, fel y gallo'r gwenyn fyned dano i lyfu'r diliau.

Mewn cwch mawr o dri neu bedwar uchder, nis gall hen Frenhines ddodwy digon i'w lanw â gwenyn, ond bydd Brenhines ieuanc yn abl i wneud. Am hyny ni ddylid ar un cyfrif gadw hen Frenhinesau; ac y maent hefyd yn fwy tueddol i arwain heidiau allan, yr hyn sydd yn lleihau y cynhauaf mel. Pan y dylai y gwenyn fod yn brysur yn casglu mel yn ol deuddeg

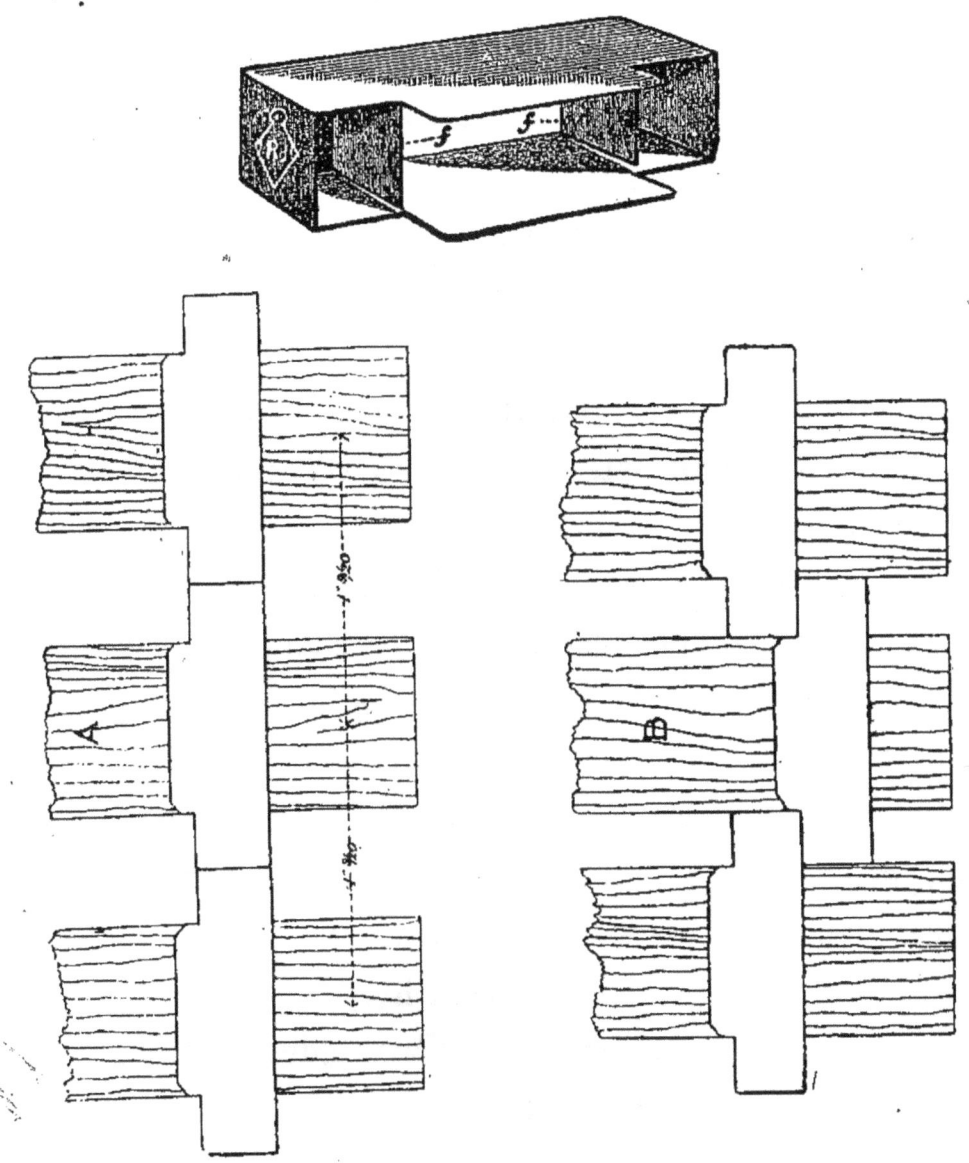

11a.—Penau Metel Carr yn rhoddi dau bellder.

neu bymtheg pwys y dydd, gyda pharatoi at heidio gyda hen Frenhinesau, byddant yn cael eu hatal rhag gwneud hyny, yr hyn sydd golled fawr. Yn y cwch isaf, yr hwn a ddefnyddir i fagu epil, byddai yn fuddiol dodi yr ystramiau yn nes at eu gilydd nac arferol, dyweder 1¼ modfedd o ganol ystram i ganol ystram, am na wna'r gwenyn, o achos yr agosrwydd hwnw, ystorio dim mel ynddynt. Hefyd gwna hyn eu hatal rhag magu begegyron, am fod eu celloedd hwynt yn hwy na chelloedd gwenyn gweithio, ac felly nid oes gofod priodol iddynt. Cynhwysa cwch Cowan yn y pellder yma oddiwrth eu gilydd un-ar-ddeg o ystramiau, ond yn y cychod uchaf a ddefnyddir i ystorio mel ynddynt, y mae'n rheidiol dodi'r ystramiau yn mhellach oddiwrth eu gilydd, dyweder 1¾ modfedd. Mae'n haws dadgapio diliau dyfnion i'w gosod yn y tyniedydd, a'r un drafferth i'r gwenyn yw capio celloedd dyfnion a rhai bâs. Y pellder priodol rhwng yr ystramiau yw 1½ modfedd, ac y mae ystramiau ag ysgwyddau ganddynt, i gadw'r pellder hwn: ond gan nas gellir closio y rhai hyn yn nes at eu gilydd pan fo angen, nid ydys yn eu cymeradwyo. Mae penau metel i'w cael i'r ystramiau at yr un amcan. Y rhai mwyaf pwrpasol o'r rhai hyn yw "*Carr's Metal Ends.*" Gwel darlun 11*a*. Trwy ddefnyddio y rhai hyn, gellir gosod yr ystramiau fodfedd a haner, neu fodfedd a chwarter, o ganol ystram i ganol ystram, fel y byddo'r gwenynwr yn dewis.

Pan fyddo'r cwch wedi myned yn dri neu bedwar uchder, nis gall y gwenyn gan eu hamledd gael mynedfa digon rhwydd drwy ddrws cwch cyffredin, a rhaid rhoddi cynion o haner modfedd o drwch dan bob ochr i'r cwch, i'w godi oddiwrth y bwrdd gwaelod. Dylid gwneud yr un peth â'r amflychau. Hefyd os bydd y tywydd yn boeth, dylid cysgodi y cychod â marchbredyn, neu rywbeth arall cyfleus, gan fod gwres

11b.—Cwch Peiliaw Howard.

mawr yn toddi'r mel, ac yn tynu'r gwenyn i heidio. Gan fod cychod Cowan yn ddrudion, gellir cael rhai heb amflychau, i fod allan yn yr awyr agored. Gwel darlun 11b.

CWCH SAFONOL CYMRU,

YR HWN SYDD A GWELLIANTAU AR GWCH COWAN.

Y prif ragoriaethau mewn cwch ydynt:—defnyddioldeb, symlrwydd, a rhadlonrwydd. Priodol yw i ni alw y cwch y cytunir am ei faintioli yn mhlith gwenynwyr, ac a fyddo'n rhagori yn y pethau hyn, yn Gwch Safonol; a gwneud pob un yr un fath, a'i holl ranau yn gyd-gyfnewidiol. Cymerer pedwar o fyrddau haner modfedd o dew, pymtheg modfedd a haner o hyd, dau yn naw, a dau yn wyth modfedd o led; llethrer dwy ymyl y ddau gulaf am dri-wythfed i lawr y wyneb, ac i fin ar y gwyneb arall, gan ofalu cadw y bwrdd yn wyth modfedd ar un gwyneb, yr hwn sydd i fod tuag i fewn; hoelier y ddau letaf ar dalceni y ddau gulaf, gan ranu y gwahaniaeth lled haner modfedd bob ochr; hoelier pedwar darn haner modfedd o drwch, modfedd a haner o led, un-ar-bymtheg a haner modfedd o hyd, un ar bob bwlch i wneud y blwch yn gyflawn ac yn gydwastad o amgylch. Mesura bedair-ar-ldeg a haner wrth bymtheg a haner modfedd o'r tu fewn, ac un-ar-bymtheg a haner modfedd drosto bob ffordd, a naw modfedd o ddyfn. Gwna hwn gwch ysgafn hwylus i'w drafod, a deil ddeg neu un-ar-ddeg o'r ystramiau safonol. Mae Cymdeithas Gwenyn-geidwaid Brydeinig wedi penderfynu maintioli safonol yr ystramiau, ac y mae gwenyn-geidwaid y Deyrnas Gyfunol yn gyffredinol wedi eu mabwysiadu. Mae eu lled yn saith-wythfed o fodfedd; y penau yn dri-wythfed o drwch ac yn wyth modfedd o hyd, y bar uchaf yn haner modfedd o drwch a phymtheg modfedd a haner o hyd, gyda ffos yn nghanol yr ochr isaf yn wythfed o led ac o ddyfn. Mae hwn i gael ei hoelio ar y penau, gan adael tri-chwarter modfedd o bob pen iddo i grogi drosodd. Mae y gwaelod i fod yn wythfed o drwch, ac yn bedair-modfedd-ar-ddeg o hyd ac yn bum-wythfed o led, wedi ei hoelio yn finfin ar ganol talceni y penau. Gwel darlun 8fed. Gwna y rhai hyn grogi yn rhyddion yn y cwch, gan adael chwarter modfedd rhyngddynt â'r ochrau, a thri-wythfed rhyngddynt â'r gwaelod.

Gwneler bwrdd gwaelod yn fodfedd o drwch, ac yn un-ar-bymtheg a haner modfedd ysgwar. Hoelier dau wranc dano, ychydig oddiwrth bob pen, yn ugain modfedd o hyd; gwneler rhediad yn y penau sydd yn crogi drosodd, a hoelier bwrdd tri-wythfed o drwch arnynt yn ddisgynfa i'r gwenyn. Torer mynedfa allan o'r bwrdd gwaelod yn ddeg modfedd o hyd, ac yn haner modfedd o ddyfn, i'r gwenyn fyned i fewn i'r cwch. Os mewn tŷ y'u cedwir, y mae y cwch yn awr yn gyflawn, a gellir rhoddi dau neu dri o'r blychau hyn ar benau eu gilydd, yn ol fel y byddo rhifedi y gwenyn. Ond os allan y cedwir y cychod, yr hon yw y drefn oreu o ddigon, bydd raid cael gwaelod mwy sylweddol iddo, a blwch arall o'i amgylch, a tho drosto.

Y Llawr.—Gwneler dau osail o bren dwy fodfedd o drwch, a thair modfedd o ddyfn. Torer ef yn ddwy droedfedd a dwy fodfedd ar yr ochr isaf, a deg a naw modfedd ar yr ochr uchaf. Ar y penau osgo, hoelier bwrdd haner modfedd o drwch, wyth modfedd o led, ac ugain modfedd o hyd, gan adael modfedd o'i benau d osodd. Plaenier ef yn wastad ar y top, a hoelier ar y t p fwrdd ugain modfedd ysgwar, a modfedd o drwch, a thorer mynedfa ynddo yn ddeg modfedd o hyd, ac o fin yn yr ochr isaf am dair modfedd yn ol ar y wyneb. Gwna hwn lawr cadarn i'w osod ar bedair priddfaen, a gosoder y cwch ar ei ganol. Gwel darlun 11*b*.

Amflwch.—Torer dau fwrdd haner modfedd o drwch, un-ar-ddeg o led, ac un-ar-hugain o hyd, a dau arall modfedd o drwch, yr un lled, ac yn ugain ac wythfed modfedd o hyd ar yr ymyl isaf, ac yn ddeg a naw o hyd ar yr ymyl uchaf; torer ymaith rigolion haner eu trwch, ac yn haner modfedd o ddyfn, o'r ochr i fewn, i'r ymyl isaf, ac o'r ochr allan, i'r ymyl uchaf. Hoelier y ddau fwrdd cyntaf ar dalceni y ddau olaf; yna bydd yr amflwch wedi ei orphen. Gosoder ef ar y llawr, a cheir gweled ei fod yn gorphwys arno, ac yn lapio haner modfedd drosto. Os gwneir un arall yr un fath, gwna hwnw yr un fath ar ei dop yntan. Mae y cwch i fod ar ganol y llawr. Gosoder dernyn o fwrdd modfedd a chwarter o led, ar ei wastad wrth ben y fynedfa, a neser y cwch yn dỳn ato. Gedy hyn le gwag rhwng y ddau flwch, a gellir ei lanw yn y gauaf â thorion neu beiswyn. Gwel darlun 10fed.

Y Tô.—Torer dau fwrdd ugain modfedd ac wythfed o hyd, modfedd o drwch, un yn saith, a'r llall yn dair modfedd a haner o led. Torer rhigolen o'r ochr i fewn i ymyl isaf y ddau. Torer dau fwrdd un-ar-hugain modfedd o hyd, haner modfedd o drwch, a saith modfedd o led yn un pen, a'r llall yn dair modfedd a haner; hoelier y ddau olaf ar dalceni y ddau gyntaf. Hoelier dau fwrdd pum-wythfed o dew, deg modfedd o led, a dwy droedfedd o hyd ar hwn, gan adael modfedd a haner i daflu drosodd o amgylch; hoelier darn ar y canol i lapio modfedd dros bob un o'r ddau fwrdd, fel ag i gadw y dwr allan. Yn y bylchau fydd o dan hwn, hoelier darn o sinc mân-dyllog, i awyru top y cwch, ac i gadw gwenyn allan. Cofier fod rhediad y tô i fod yr un ffordd â graen y byrddau, ac o'r wyneb i'r cefn. Gosoder y tô yn nglŷn wrth yr amflwch gyda cholfachau rhyddion a darn o gortyn o'r tu fewn, i'w atal rhag agor yn rhy bell. Dylid ei baentio â dwy neu dair côt o baent, a gwna gwch am oes, o'r fath oreu.

CYCHOD ESTYNOL.

Mae y cychod estynol yn cael eu gwneud yn

12.—Cwch Estynol.

ddigon mawr i gynhwys o 15 i 20 o ystramiau (gwel darlun 12fed), a chyda'r gwahanfwrdd gellir mwyhau neu leihau y cwch i ateb i anghen y gwenyn. Yn ystod y gauaf mae 6 o ystramiau yn ddigon i unrhyw haid, am mai'r amcan mawr yw tyru'r gwenyn at eu

13.—Gwahanfwrdd.

gilydd, i'w cadw yn gynhes. Gwel darlun 13eg.

Fel y byddo'r gwenyn yn epilio, gellir rhoddi ystramiau ychwanegol iddynt, a symud y gwahanfwrdd, yr hyn ni ddylid ei wneud hyd nes byddo'r cwch yn llawn o wenyn. Wedi iddynt gael deg o ystramiau,

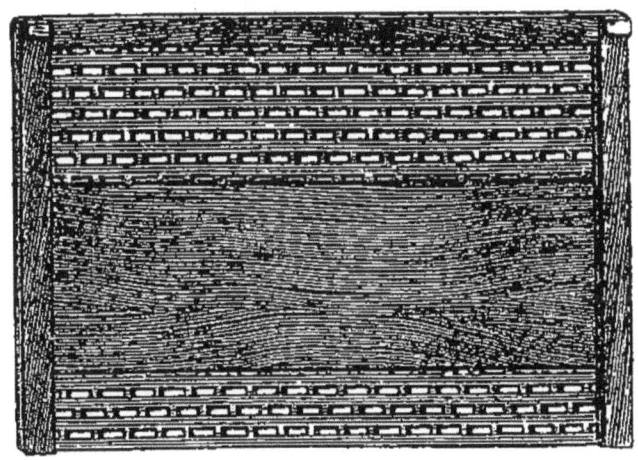

14.—Gwahanlen Sinc.

yr hyn sydd yn ddigon i'r Frenhines ddodwy ynddynt, doder y wahanlen sinc (gwel darlun 14) er atal y Frenhines i fyned yn mhellach. Gellir wedyn lenwi'r cwch o ystramiau fel y byddo'r gwenyn yn cryfhau, ac yma y gwnant ystorio eu mel, sef yn y pen pellaf oddiwrth y drws. Gellir cymeryd yr ystramiau mel ymaith, fel y byddo'r gwenyn yn eu llenwi. Ar ol tynu y mel o honynt gyda'r tyniedydd, doder y crwybrau yn ol i'r gwenyn i'w hail lenwi. Pan y rhoddir ystramiau iddynt y waith gyntaf, dylid bob amser osod rhibin o grwybr dodi i'r gwenyn gychwyn eu diliau. Gwel *Crwybr Dodi*.

Os dewisir cael mel yn yr adranau, gellir eu dodi tu ol i'r wahanlen sinc, neu drwy eu dodi mewn cawell ar ben yr ystramiau. Cyn y gweithia gwenyn mewn adranau, rhaid cael yr heidiau yn hynod o gryfion. Gan fod yn anhawdd cadw cychod cryfion rhag heidio, pan y byddant wedi eu llenwi â gwenyn, cymerer yr ystramiau epil a'r ystramiau mel oddiarnynt, ond rhyw bedair, a gosoder y rhai hyn mewn cychod eraill y byddo eu hangen. Yna rhodder chwech o ystramiau gweigion, a rhibin o grwybr dodi arnynt, a lleoler hwynt yn agosaf i'r drws, a'r pedair ystram a adawyd, yn mhellaf yn y cwch. Gellir rhoddi y rhestl adranau ar y top, yr hwn sydd yn cynwys un-ar-hugain o adranau pwys; neu ynte gellir eu gosod tu hwnt i'r wahanlen sinc. Gofaler eu gwneud yn berffaith glud, a dechreua'r gwenyn weithio ar unwaith. Er mwyn awyro'r cychod, gwell cael yr ystramiau a'u talceni at y drws, ac nid eu hochrau, fel yn y cychod hyn. O herwydd yr anghyfleusdra yma, mwy deheuig o lawer yw y cychod peiliaw.

RHESTLI AC ADRANAU.

Mae adranau yn flychau bychain wedi eu gwneud

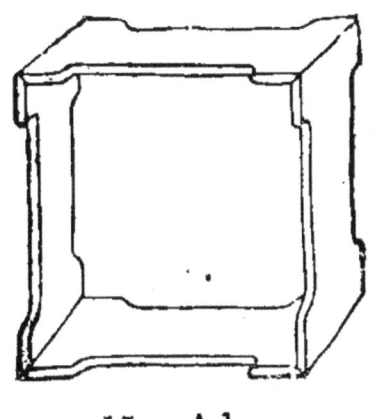

15.—Adran.

o ystyllod teneuon o goed, yr wythfed ran o fodfedd o drwch. Gwel darlun 15fed.

Mae'r ystyllod hyn yn cael eu plygu ar ol gwlychu y cymalau rhag iddynt dori, yn ysgwariau o 4¼ modfedd wrth 4¼ modfedd o uchder, a dwy fodfedd o led.

16.—Adran Undarn.

O ystyllen undarn y gwneir y blychau. Gwel darlun 16eg. Bysblethir (dovetail) y ddau ben A. B. gyda morteisiau, a thyno at bob mortais, a thorir rhigolau yn y ffurf V yn agos drwy'r ystyllen, fel y gwelir yn *c, d, e.* Mae blychau o'r maint a nodir, yn cynwys un pwys o fêl bob un. Gellir cael blychau o uurhyw fesur: ond y rhai uchod yw y rhai a ddefnyddir yn fwyaf cyffredin.

GWAHANOL FATHAU O RESTLI.

Y bath cyntaf yw rhestl heb ochrau iddo. Cynhwysa hwn dair rhes o adranau, sef blychau wedi eu paratoi gyda chrwybr dodi. Rhwng y rhesi, gosoder pren er eu cadw haner modfedd oddiwrth eu gilydd, fel y galler bodio'r adranau fel y dewisir. Deil y talbrenau hyn y ffiniau tin neu goed a fyddont yn gwahanu y blychau. Dylai y ffiniau hyn fod yn gwta o haner modfedd i gyrhaedd y top a'r gwaelod, fel y gallo'r gwenyn basio o'r naill i'r llall. Er fod rhai gwenynwyr medrus yn gallu gweithio'r adranau heb y ffiniau hyn, eto i'r anghyfarwydd, gwell o lawer yw eu harfer, am fod y gwenyn yn gweithio yn wastatach nag hebddynt. Hefyd doder darn o wydr, a gwasger yr adranau at eu gilydd gyda chun.

RHESTL AG OCHRAU.

Mae'r rhestl hwn lawer yn gynhesach na'r un blaenorol, a thrwy hyny yn haws i gael gan y gwenyn weithio ynddo. Ond nid yw mor hwylus i fodio ei

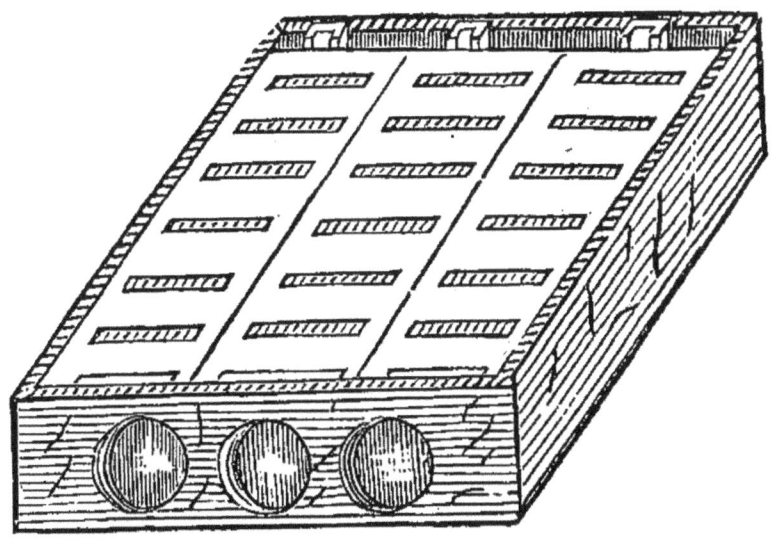

17.—Rhestl ag Ochrau gydag Adranau.

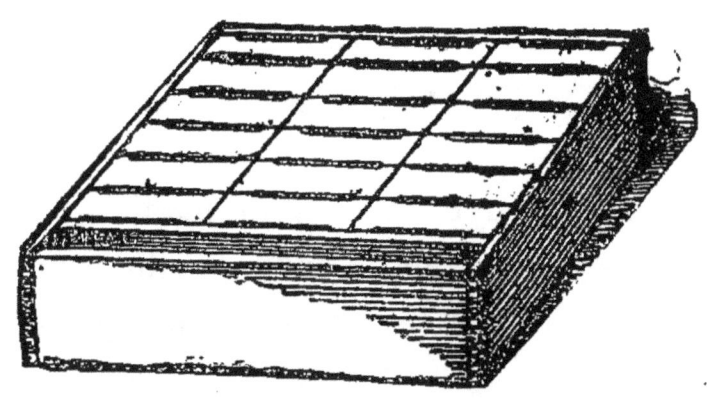

18.—Rhestl ag Ochrau gydag Adranau.

adranau. Gwel darlun 17eg a 18fed. Gan y gweithia'r gwenyn gymaint yn well yn y rhestl hwn, telir yn dda am gymeryd y drafferth ychwanegol. Hefyd, gan fod yn haws denu'r gwenyn i ddechreu gweithio adranau yn y cwch nag yn y rhestl uwch ei ben, gwneir ystramiau i ddal chwech o adranau i'w dodi tu ol i'r wahanlen sinc. Gwel darlun 19eg. Ar ol i'r gwenyn ddechreu gweithio'r adranau yn y fan hon,

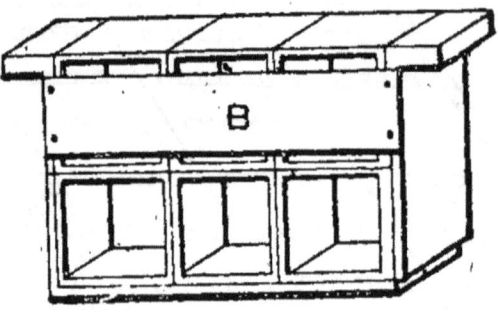

19.—Ystram i ddal Adranau.

gwnant harddach a mwy marchnadol gwaith arnynt o'u symud i'r rhestl ar ben y cwch.

CRWYBR DODI (COMB FOUNDATION).

Gan fod y gwenyn yn treulio ugain pwys o fêl i wneud un pwys o grwybr, a chan y gellir prynu pwys o grwybr dodi am tua 2s., gwelir ei fod yn arbediad mawr i'w ddefnyddio, rhagor gadael y gwenyn weithio

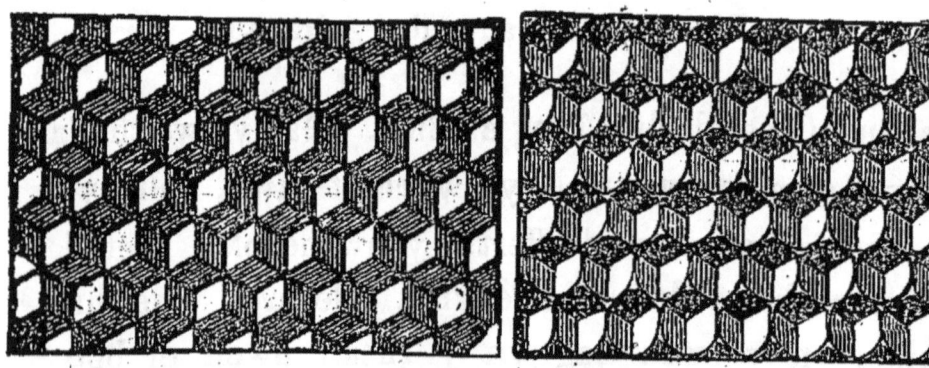

20.—Crwybr dodi.

eu crwybr eu hunain. Hefyd, drwy ddefnyddio hwn, ceir unionach crwybrau, a gellir rheoli y nifer o fegegyron i'w magu. Lleni yw crwybr dodi wedi eu toddi o gŵyr gwenyn, a'u rhedeg drwy beiriant pwrpasol i argraffnodi dechreu a llun y diliau. Gwel darlun 20fed. Bydd digon o gŵyr yn y lleni hyn i'r gwenyn i'w gweithio a'u hestyn allan i fod yn ddiliau priodol. Maent o'r mesuriad a wedda yn gymhwys yn yr ystramiau safonol. Mae chwe llen yn mhob pwys

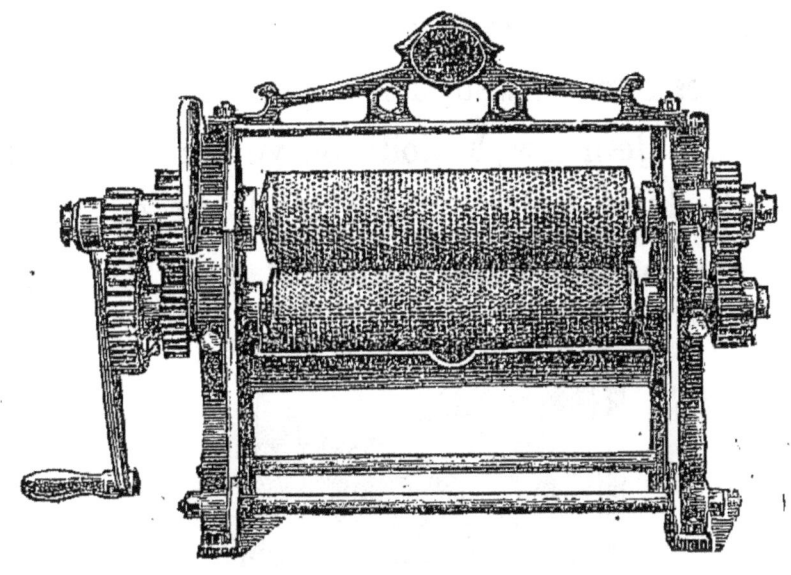

20a.—Peiriant i wneud Crwybr Dodi.

at y cychod magu. Ond at yr adranau, mae rhai teneuach yn cael eu paratoi, sef rhai o ddeuddeg llen y pwys, y rhai ydynt o ddefnydd gwell na'r lleill. Weithiau, os bydd prinder, ni ddefnyddir ond rhibyn tua modfedd o ddyfnder, i'r gwenyn gychwyn eu diliau, ond cynildeb yn y pen draw yw defnyddio lleni cyfain.

Y MODD I OSOD CRWYBR DODI YN YR YSTRAMIAU.

Mae rhai ystramiau a hollt llif yn y bar top i dderbyn y lleni cwyr; ond rhaid cymeryd cŷn i agor yr hollt, fel y galler gwthio y llen gwyr i fewn. Mae sidrwy (screw) wedyn i wasgu'r agen at ei gilydd fel y byddo'r cwyr yn cael ei sicrhau. Os na fydd hollt llif ynddynt, rhaid eu sadio wrth far y top drwy redeg cwyr gwenyn toddedig â llwy dê bobtu i'r llen, a glyna ddigon, nes daw y gwenyn i'w gwneud yn gadarnach. Ni ddylai y lleni crwybr dodi fod yn llonaid yr ystramiau, ond dylid gadael tua $\frac{1}{4}$ modfedd odditanynt a thua'r $\frac{1}{8}$ o fodfedd yn eu talcenau, am yr ymestynant

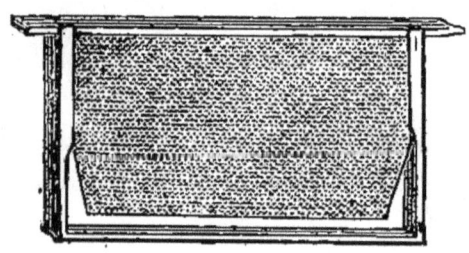

20*b*.—Ystram gyda Chrwybr dodi.

gryn dipyn gan bwysau a gwres y gwenyn. Gwel darlun 20*b*.

Mae ystramiau breintebol i'w cael, lle y mae yr agen yn y bar uchaf wedi ei thori ar oledd; *ac wedi plygu ymyl y lleni cwyr ynddynt, troir hwynt i lawr, fel y maent yn hollol ddiogel.* Gwel hysbysiadau.

Pan y byddo'r tywydd yn boeth iawn, a pherygl i'r gwenyn drwy eu gwres doddi y lleni cwyr nes iddynt ymollwng yn ddarnau, fel rhagocheliad er atal hyn, y mae wifrau mân yn cael eu rhoddi mewn rhai lleni, neu ynte gellir gosod wifrau yn yr ystramiau o'r top i'r gwaelod, y rhai a gleddir yn y lleni cwyr gydag erfyn

21.—Gwifr Gladdai.

at y gorchwyl. Gwel darlun 21ain. Mae'r wifrau hyn yn atal y crwybrau dori ymaith yn ddrabiau, ac yn eu diogelu wrth yr ystramiau. Dylai y wifrau yma fod wedi eu tynio, er atal blas rhwd, a dylent fod yn hynod o feinion, rhag iddynt atal y Frenhines ddodwy yn y celloedd hyny y byddont yn eu croesi.

Y MODD I OSOD CRWYBR DODI MEWN ADRANAU.

Y dull mwyaf syml a didrafferth yw defnyddio yr

22.—Crwybr Osodydd Parker.

offeryn a elwir "*Parker's Foundation Fixer.*" Gwel darlun 22ain. Sef "*Crwybr Osodydd Parker,*" yr hwn a ellir ei gael am bris isel. Neu gellir eu sadio gyda chwyr toddedig yr un fath ag yn yr ystramiau.

Mae ffordd arall o osod crwybr dodi yn yr adranau, drwy gael adranau gyda rhigolau yn eu canolau, a thori y lleni cwyr i weddu ynddynt, a chau am y llen gwyr wrth blygu yr adranan at eu gilydd. Gwel *Cynghorion Cyffredinol*, darlun 23ain

Os na cheir lleni cwyr teneuon fel y nodwyd, gwell fyddai peidio rhoddi ond dernyn bychan o grwybr dodi yn yr adranau, am y byddai crwybr trwchus yn anymunol yn y genau wrth fwyta'r mel.

Y TYNIEDYDD.

Y tyniedydd yw'r offeryn sydd i dynu mel o'r diliau heb niweidio'r crwybr. Mae amryw fathau o honynt, ond yr un mwyaf hwylus yw yr un a elwir "*The Rapid Honey Extractor,*" (gwel darlun 24ain), gan fod hwn yn taflu y mel o'r ddwy ochr i'r diliau, heb eu tynu allan drwy droi y carn (handle) i'r gwrthwyneb. Dylai y Tyniedydd fod wedi ei wneud o tin ac nid o sinc, gan fod yr olaf yn gwenwyno'r mel. Trwy gadw'r crwybrau heb eu dryllio, nid yn unig arbedir crwybr dodi, ond arbedir yr amser a'r draul o dynu y crwybr hwnw allan. Drwy waghau y diliau â'r tyniedydd, fel y sylwyd, rhoddir lle i'r Frenhines ddodwy rhagor, i helaethu cylch nyth y crwybr epil, ac hefyd, gellir symbylu y gwenyn i hel mel i'r ystramiau, pryd y byddant yn gyndyn i gasglu i'r alranau. Gan fod yr offeryn uchod yn un costus, os na fydd gan y gwenyn-

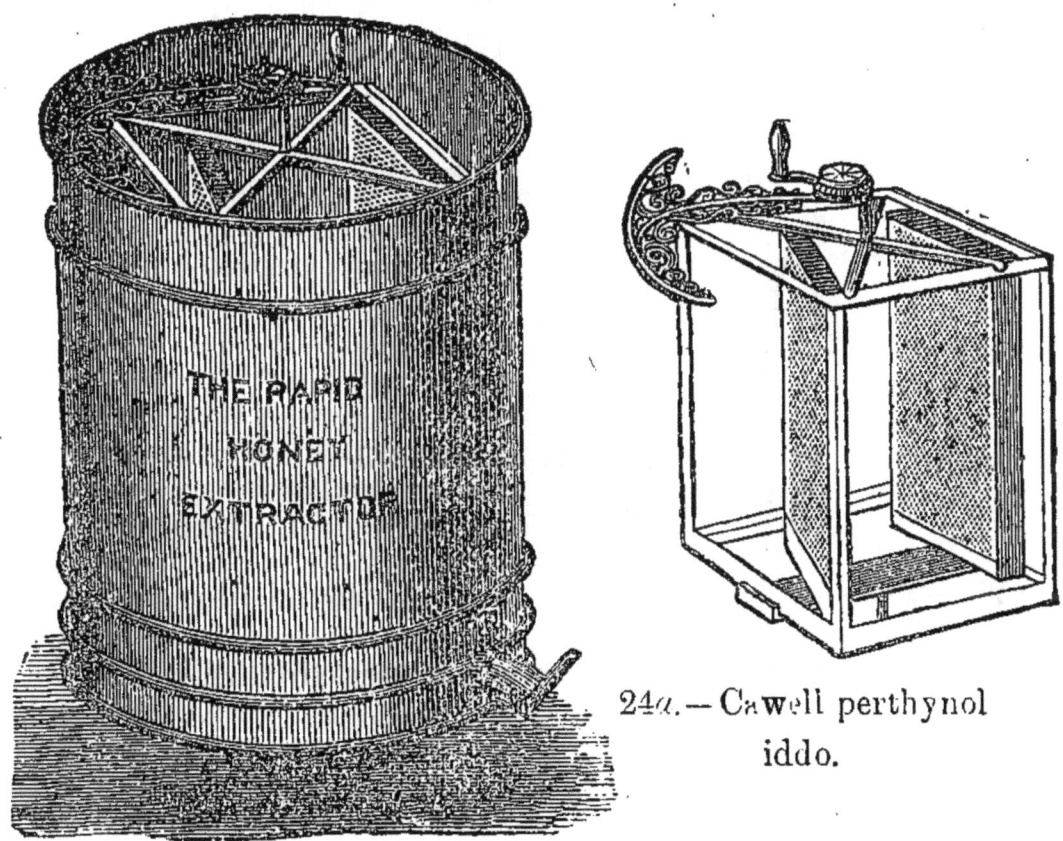

24.—Tyniedydd Cowan. 24a.—Cawell perthynol iddo.

wr lawer o gychod, gwnelai un bychan ar gynllun gwahanol y tro, yr hwn sydd lawer yn rhatach. Gwel darlun 25ain. Nis gellir tynu ond o un o'r diliau ar unwaith gyda hwn, pryd y gellir tynu o ddwy neu

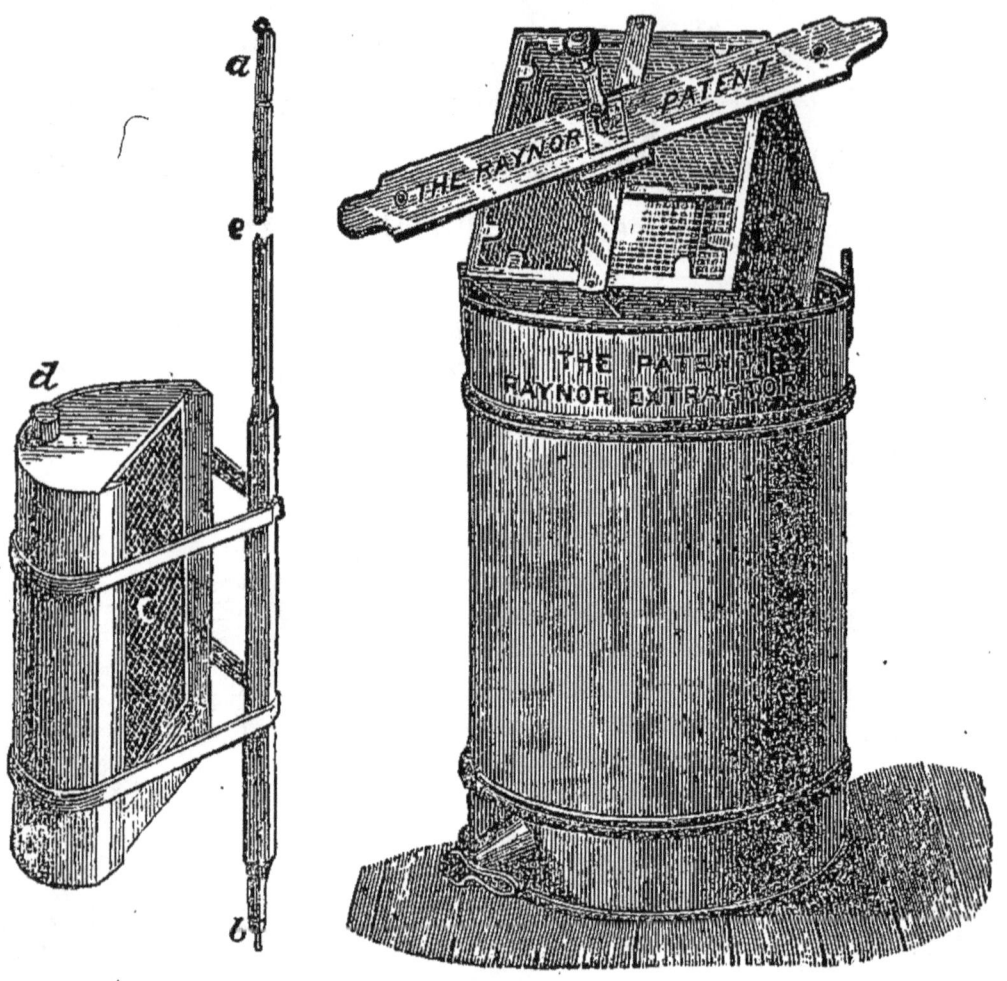

25.—Tyniedydd Bychan.   26.—Tyniedydd Raynor.

bedair o ddiliau ar unwaith gyda'r tyniedydd blaenaf.

Y DULL I DYNU'R MEL.

Ar ol tynu'r ystramiau a'r mel o'r cwch, cyn eu dodi yn y tyniedydd, rheder cyllell hyd wyneb y diliau bob ochr, yr hon fyddo wedi ei gwneud yn bwrpasol i dynu'r capiau ymaith. Gwel *Cynghorion Cyffredinol*.

Dylai y gyllell fod yn boeth o ddwfr berwedig, er atal y mel lynu wrthi. Yna doder yr ystramiau wedi eu paratoi felly yn y cawelli. Gwel darlun 24a. Yna troer y tyniedydd fel y byddo yn taflu'r mel allan, a gofaler rhag ei droi yn rhy fuan, i ddryllio'r crwybrau, yn enwedig os bydd epil yn y diliau, am y teflir hwynt allan, os troir yn rhy chwyrn. RHYBUDD! Ni ddylid byth dynu mel o grwybrau ag epil ynddynt, ond er mwyn i'r Frenhines ddodwy, a'r amser hwnw gyda'r gofal mwyaf. Ar ol tynu y mel o un ochr i'r crwybrau, dylid eu troi i'r diliau daflu eu mel allan i'r tyniedydd yr ochr arall. Bydd y diliau ar eu talceni yn y tyniedydd. Gan fod y gwenyn yn gwneud eu diliau ar osgo o'r top i'r gwaelod, dylid troi y tyniedydd, fel y byddo gwaelod y diliau yn mlaen, a'r bar top yn olaf, onide nid ymadawa'r diliau â'r mel. Y tyniedydd goreu yw yr un a elwir *Tyniedydd Raynor* (gwel darlun 26ain), gan nad oes gymaint o berygl oeri yr epil pan fyddo anghen tynu mel o grwybrau ag epil ynddynt, gan fod y cawelli wedi eu hamgylchu â thin.

LLONYDDU GWENYN.

Mae gwenyn bob amser yn hawdd i'w trin, os byddant wedi llenwi eu hystumogau â mel. Cyn heidio, y mae'r gwenyn a fyddont yn ymadael, yn llenwi eu hunain âg ymborth, a dyna'r rheswm paham y mae gwenyn heidio mor hawdd i'w trin. Gellir cael gan wenyn lenwi eu hunain â mel ar unrhyw adeg, drwy chwythu ychydig o fwg i'r cwch gyda megin bwrpasol. Gwel darlun 27ain. Pan y daw mwg atynt, y maent yn cael eu dychrynu, a llenwant eu cylla â mel yn ddioed. Y peth goreu i'w losgi yn y fegin yw papyr llwyd, neu unrhyw gerpyn cotwm, megys rhip, hen ffwstian, &c., ond gofaler ei fod yn lân, rhag gosod blas ar y diliau. Dylid gofalu rhag gyru gormod o fwg i'r cychod, rhag niweidio'r

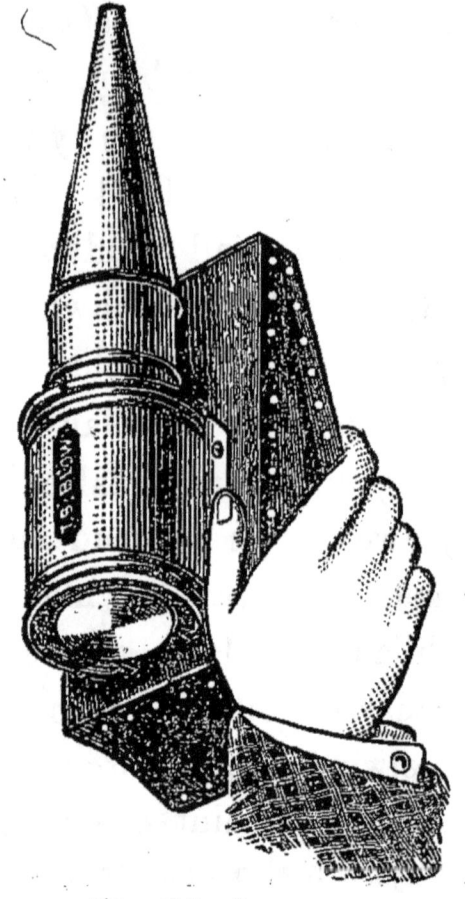

27.—Megin.

gwenyn. Hefyd, cyn agor y cychod, rhodder ychydig fynydau i'r gwenyn ymlenwi â mel, onide bydd y mwg yn ddiwerth. Os na fydd ganddynt fêl yn y cwch, dylid ei daenellu ag ychydig surfedd, fel y gallont gael peth i ymlenwi. I'r un dyben defnyddir *Carbolic Acid*, yr hwn sydd yn rhagori ar fwg, am ei fod yn dadheintio clefydon perthynol i'r gwenyn, megys rhyddni, a mallepil, &c. Dylid bod yn bur ofalus gydag ef, am ei fod yn suryn cryf, yn poethellu'r croen, ac yn wenwyn nerthol.

Defnyddir ef i lonyddu gwenyn, drwy ei gymysgu â dwfr, fel y canlyn. At chwart o ddwfr cynhes, doder wns o *Calvert's No. 5 Carbolic Acid*. Cymysger ef yn dda, a doder ef mewn potel i'w gadw at angen. Gofaler ei gymysgu yn iawn cyn ei ddefnyddio. Os na wneir, bydd y suryn gwenwynig hwn i gyd ar dop y dwr, a gall ddinystrio llawer o wenyn.

Y modd i'w ddefnyddio yw cymeryd plyfyn gŵydd, ac wedi ei gwlychu yn y cymysgedd yma, tyner y plyfyn ar draws genau y cwch, wedi hyny, coder ymyl yr hulyn oddiar dop yr ystramiau, a gwlycher topiau yr ystramiau â'r plyfyn gwlyb, neu gyda'r gwlith-saethydd, yr hwn sydd yn fwy effeithiol na mwg. Gwel darlun 37. Doder yr hulyn yn ei ol, a gadawer ychydig fynydau i'r gwenyn ymlenwi â mel. Bydd y gwenyn wedi hyny yn berffaith lonydd i'w trin fel y mynir. Os dygwydd iddynt ail-gynhyrfu, tyner y plyfyn drachefn ar draws topiau yr ystramiau, i'w cadw lawr yn y cwch. Yr un modd gyda'r fegin, os bydd y gwenyn yn myned yn ddireol, rhodder ychydig o fwg iddynt, a llonyddant yn union. Wrth fyned drwy y gorchwyl hwn, gofaled y gwenynwr am fod yn dringar iawn, a pheidied ergydio, ac ysgwyd y cwch, yn enwedig yn y cychwyn. Os unwaith y cyffroir hwynt i ymladd, bydd yn anhawdd iawn, os nad yn analluadwy, eu llonyddu.

Ffordd arall i ddefnyddio y suryn hwn yw, gwlychu dernyn tenau o galico yn y cymysgedd uchod, a'i ddodi ar dop yr ystramiau, wedi tynu yr hulyn ymaith, a dylai y dernyn calico hwn fod yn ddigon mawr i guddio yr holl ystramiau. Ni ddylid ei adael yn hir, os na fydd ond un cwch dano, rhag gyru y gwenyn oll allan. Ond os bydd dau uchder neu dri o gychod dan y calico, gellir ei adael am tua phum mynyd. Bydd y gwenyn wedi ymadael yn llwyr o'r cwch uchaf, a gellir cymeryd yr ystramiau yn dawel i ffwrdd bob un, neu symud y cwch yn gyfan. Mae y dull hwn yn hynod gyfleus i dynu ymaith adranau o'r rhestl, pan wedi eu llenwi â mel.

Er mwyn i'r gwenynwr anmhrofiadol fod yn fwy hunanfeddianol i drafod y gwenyn, gwell fyddai iddo wisgo gorchudd. Gwel darlun 28ain. Os dygwydd iddo gael ei golynu gan y gwenyn, tyner y colyn ymaith yn ddioed, gan ofalu peidio gwasgu y bledren sydd wrth fôn y colyn, rhag i'r gwenwyn sydd ynddi redeg i'r briw, a pheri poen, ond crafer ef ymaith â gewin, neu â chyllell. Nid yr un moddion sydd yn gwella pawb. Fel rheol, nid oes dim rhagorach i wella brathiad na dyferyn o *ammonia*. Nac enyner y brathiad drwy ei rwbio,

28.—Gorchudd

onide chwydda yn waeth o lawer. Mae hen wenynwyr profiadol, drwy gael eu mynych frathu, yn caledu, fel nad yw gwenwyn y wenynen yn effeithio nemawr arnynt.

GYRU GWENYN.

Mae yr adran yma o waith y gwenynwr yn un hynod o bwysig, am fod angen gyru gwenyn allan o gychod gwellt, er mwyn cael eu mel—gwneud heidiau gyr—a throsglwyddo heidiau o gychod gwellt i gychod coed gyda chrwybrau symudol. At yru gwenyn dewiser diwrnod braf, pan y byddo nifer mawr o'r gwenyn allan yn casglu mel. Symuder y cwch i fan cysgodol, a doder cwch gwag yn ei le i dderbyn y gwenyn a fyddont yn dychwelyd. Wedi chwythu ychydig o fwg i'r cwch, a gadael amser i'r gwenyn ymlenwi â mel, coder ef oddiar y cauad, neu y bwrdd llawr, a doder ef a'i wyneb i fyny mewn celwrn bychan. Cymerer cwch gwâg o'r un faint ag ef, a doder ef ar ei ymyl ar fin y cwch gwenyn. Gwthier pin haiarn cryf drwy ymyl y cwch uchaf i'r isaf, lle y maent yn cyfarfod, a doder dwy o asenau coed, gyda hoel yn mhob pen iddynt, i ddal y cychod fel ceg agored. Gwel darlun 29ain ar y wynebddalen. Yna dechreuer curo y cwch, gan yru y gwenyn o'r gwaelod i fyny, a rhedant yn un gyr mawr ar ol eu gilydd o'r cwch isaf i'r uchaf.

Gofaler sefyll â'r cefn at y goleu cryfaf. Os bydd y gwenyn yn tyru ar ymyl y cwch isaf, yn lle rhedeg i fyny, cymerer pluen; a chwaler hwynt, a pharhaer i guro, nes ant i fyny. Os bydd y tywydd yn oer, bydd yn haws eu gyru wedi tywallt ychydig surfedd llygoer rhwng y diliau, tua phum mynyd cyn dechreu eu gyru. Gofaler ar bob cyfrif am beidio gyru heidiau ieuainc, am fod eu crwybrau yn freuon at hyny, os nad yr amcan fydd cael eu mel yn unig, pryd na fydd tori y crwybrau o un pwys. *Gyru agored* y gelwir y dull uchod.

Mae math arall o yru, a elwir yn yru cauedig, am y rhoddir y ddau gwch a'u gwynebau yn dynion ar eu gilydd, a rhwymir llian cryf am yr asiad, er atal y gwenyn i ddod allan. Nid â'r gwenyn i fyny yn agos gystal y ffordd hon â'r ffordd arall. Hefyd, byddant yn debyg o fod yn dra ffyrnig pan y tynir y llian ymaith.

HEIDIO NATURIOL.

Gan fod y gwenyn yn cyflym epilio yn ystod y gwanwyn, bydd y cychod yn orlawn o wenyn erbyn tua diwedd Mai. Os na roddir iddynt ychwaneg o le i ystorio mel, llanwant yr holl gellau gweigion yn y cwch âg ef, fel na fyddo dim lle i'r Frenhines ddodwy, na lle iddynt hwythau ystorio rhagor. Yna adeiladant gelloedd Brenhinesau, at wneud y rhai y mae'n ofynol cael llawer o gwyr. Oherwydd nad oes lle i'r gwenyn weithio, gorfodir hwynt i segura, a bwytânt lawer o fêl er cynyrchu cwyr i adeiladu y celloedd a nodwyd, yn y rhai y dodwa'r Frenhines, am nad oes lle iddi ddodwy yn un man arall. Wedi i'r wyau hyn ddeor ar Frenhinesau, porthir hwynt ag ymborth gwahanol i'r bwyd y porthir y gwenyn eraill ag ef. Pan yn naw diwrnod oed, cauir arnynt yn y celloedd. Tua'r adeg yma heidia y gwenyn, yn cael eu blaenori gan yr hen Frenhines. Gellir gwybod fod yr haid yn paratoi i godi, drwy ddyfodiad nifer o'r begegyron allan, a gwelir y gwenyn yn ymdroi yn segur o gylch ceg y cwch, a phryd arall yn ymoeri yn dethau llaesion, neu yn hwdwch du o gylch y genau.

Yn mhen tua phum niwrnod ar ol ymadawiad yr haid gyntaf, daw un o'r Brenhinesau allan o'i chell, ac os bydd y cwch yn gryf o wenyn, ataliant y Frenhines newydd i ladd y Brenhinesau sydd eto heb eu deor, yr hyn a geisia hi ei wneud, yn union wedi ei geni. I'r amcan yma, ac i atal y Brenhinesau rhag deor, cloi'r y celloedd Brenhinol i fyny, drwy i'r gwenyn osod ychwaneg o gwyr arnynt.

Yn mhen tua phedwar diwrnod drachefn, neu yn mhen naw diwrnod ar ol ymadawiad yr haid gyntaf, ymadawa'r ail haid, yn cael ei harwain gan y Frenhines sydd wedi ei deor. Gellir gwybod a fydd cwch am heidio yr ail waith, drwy roddi clust ar y cwch, pan y clywir y Frenhines sydd wedi ei deor, a'r rhai sydd heb eu deor, yn cyfarth eu gilydd yn gwynfanus fel cŵn bychain. Weithiau ceir cychod i heidio y drydedd a'r bedwaredd waith. Ond gan na fydd yr heidiau hyn ond gweiniaid, a'u bod yn gwanhau gormod ar yr hen gwch, gwell yw eu gyru yn eu holau. Ar ol eu cychu fel arferol, chwilier am yr hen Frenhines, a lladder hi, a thywallter y gwenyn fin nos o flaen yr hen gwch, ac nid ymadawant drachefn.

Os bydd y cwch wedi ei wanhau o wenyn, drwy ymadawiad un neu ychwaneg o heidiau, fel na fyddo digon o wenyn i wylio celloedd y Brenhinesau, daw dwy neu dair o'r Brenhinesau allan ar unwaith o'u celloedd, a chymer ymladdfa farwol le rhyngddynt, yr hyn a ellir ei weled mewn cychod gwydr. Bydd y ddwy Frenhines wrth gyfarfod â'u gilydd yn ymaflyd y naill yn y llall fel dau ddyn 'yn ymaflyd codwm, fel pe byddent yn edrych pa un o'r ddwy fyddai gryfaf, ond nid ydynt yn colynu eu gilydd, am y gallai y ddwy farw, pe gwnaent hyny, a gadewid y cwch heb yr un Frenhines, ac ni fyddai yno wyau i godi un. Ar ol deall pa un yw'r gryfaf, cydia hòno yn aden y wanaf, a cholyna hi o dan ei thor, yr hon ni wna farw yn ddioed, fel y gwna'r begegyron, y rhai ar ol eu colynu gan y gwenyn gweithgar ddiwedd y flwyddyn, ac wedi gorphen heidio, a fyddant feirw yn union ar ol eu pigo.

CYCHU GWENYN.

Dylai fod gan bob gwenynwr gychod gwellt, pa un bynag a fydd efe yn cadw gwenyn ynddynt ai peidio, er mwyn cychu heidiau, yr hyn sydd yn sicr o ddygwydd weithiau yn anysgwyliadwy yn mhob gwenynfa. Mae hi yn hen arferiad ar ol i'r gwenyn godi, i guro padelli, er mwyn iddynt gylymu, a'u hatal i ddianc, ond nid yw hyn ond coel gwrach. Fel rheol, y mae gwenyn yn cylymu unwaith, cyn myned yn mhell oddiwrth y cwch. Ond y maent am tuag wythnos cyn heidio yn anfon ysbiwyr allan, i chwilio am y lle goreu i wladychu, ac i'w lanhau a'i baratoi erbyn y daw'r haid yno. Buddiol yw dodi dau neu dri o gychod yn agos i'r gwenyn (rhai wedi i wenyn fod ynddynt yw'r goreu) er mwyn i'r ysbiwyr eu dewis fel eu cartref newydd, yr hyn a etyl golli llawer haid.

Os bydd gwenyn yn gwrthod cylymu ar ol codi, ac am ffoi, y peth goreu i'w hatal yw eu chwystrellu gyda gwn dwr. Os na fydd dwr i'w gael, peth da yw lluchio pridd, neu raian i'w canol. Bydd y gwenyn yn cymeryd hyn yn lle gwlaw, a chylymant mewn lle cysgodol. Ar ol iddynt gylymu, dylid dodi llian gwyn i'w cysgodi oddiwrth wres yr haul. Os byddant wedi cylymu mewn lle cyfleus i'w cychu, cymerer y cwch mewn un llaw a'i wyneb i fyny, ac â'r llaw arall ysgydwer yr haid iddo. Doder y cauad arno, a gosoder y cwch ar ystol yn agos i'r fan y byddont wedi cylymu, a chareg fechan o dan ymyl y cwch, fel y gallo y gwenyn gael digon o le i fyned i fewn yn rhwydd. Er mwyn eu hatal i hedeg oddiamgylch wrth eu cychu, chwystreller hwynt yn ysgafn â dwr. Pe na fyddai y cwch yn barod, a hir aros cyn cychu, y mae chwystrellu'r gwenyn yn peri iddynt fod yn dawel, ac yn eu hatal i ail godi, yr hyn os gwnant, y mae'n dra sicr mai eu colli a wneir, am eu bod yn cyd-gychwyn oddiar y preu, ac nid oes neb yn ddigon o redegwr i allu canlyn yr haid.

Ffordd hawdd iawn i gychu gwenyn yw, tori cainc y pren y cylymant arni, os na fydd y pren yn werthfawr, a doder yr haid ar ystol, a'r cwch uwch ei phen, a dringa'r gwenyn i fyny iddo. Os na fyddant yn myned yn hwylus, chwystreller hwynt yn ysgafn, ac ânt i fyny. Mae rhai wedi bod yn defnyddio mwg, ond y mae hyny yn eu cyffroi yn ormodol, ac yn peri iddynt godi. Gall eu symbylu â phluen, neu frigyn, eu gyru gyda mantais. Os bydd yr haid wedi cylymu mewn gwrych cauad, a dim modd eu hysgwyd i gwch, y ffordd oreu yw dodi cwch uwch eu penau, ac os bydd yn dyfod i gyffyrddiad â hwy, chwystreller y gwenyn i fyny. Os bydd y cwch a'r haid yn mhell oddiwrth eu gilydd, gwna mwg gyflymach gwaith na dwfr, ond dylid ei ddefnyddio gyda doethineb. Os chwythir llawer o fwg, dianc a wnant.

Os amcenir i'r gwenyn aros mewn cwch gwellt, dylid edrych ei fod yn lân oddiwrth we pryf copyn, ac yn enwedig y cwyr wyfyn (wax moth.) Trefn dda yw golchi'r cwch mewn dwfr glân, i fod yn barod at heidio, a rhwbier ef â dwr a siwgr cyn rhoddi'r haid ynddo, neu â mêl, yr hwn sydd yn rhagori. Yn union ar ol cychu'r haid, ac iddynt fyned oll i fewn, symuder hi i'r fan y mae hi i fod yn arosol, ac na adawer hi dan nos, yn ol yr hen arfer yn ein gwlad, gan fod y gwenyn yn marcio eu lle yn ddioed, a daw nifer fawr dranoeth i'r lle y cychir hwynt, os byddant yno yn hir, a byddant farw, heb wybod lle y mae eu cwch eu hunain, ac ni chânt eu derbyn i'r ben gwch, ond cânt eu derbyn y dydd cyntaf yno, am eu bod o'r un arogl. Ond os treuliant noswaith mewn cwch newydd, y mae eu harogl yn newid. Os na olygir i'r gwenyn aros yn y cwch gwellt, nid oes anghen ffwdanu cymaint i'w baratoi. Ni ddylid ar un cyfrif gadw gwlan mewn cychod, am ei fod yn wrthodedig gan wenyn. Os bydd eisieu rhwystro'r gwenyn gylymu mewn canghen wrth eu cychu, y mae rhoddi gwlan yno yn atalfa iddynt.

I ddodi gwenyn mewn cychod coed ag ystramiau ynddynt, ar ol eu cychu i ddechreu mewn cwch gwellt fel y nodir uchod, paratoer y cwch coed fel y canlyn. Rhodder chwech o ystramiau ynddo, wedi gosod crwybr dodi ynddynt, neu ribin o gwyr, i gychwyn y diliau. Ni ddylid ar un cyfrif ddodi gwenyn mewn cwch coed heb y crwybr dodi yn yr ystramiau, am y bydd y gwenyn hebddo yn debyg o weithio eu diliau yn groes i'r ystramiau, a chollir pob mantais yn nglyn â chychod coed. Hefyd, y mae e o'r pwys mwyaf i'r cychod fod yn wastad, i'r ystramiau hongian yn blomlinol (perpendicularly). Os bydd yr haid yn fawr iawn, dylid rhoddi wyth o ystramiau yn y pellder arferol o fodfedd a haner o ganol ystram i ganol ystram, a chan y gweithia gwenyn yn well mewn lle cynhes na lle oer, cyfynger arnynt gyda'r gwahanfwrdd; ond gofaler fod digon o le i'r gwenyn dynu allan y crwybr rhyngddo ef â'r ystram olaf. Gwel darlun 13. Doder yr hulyn arnynt, a thywallter yr haid o'r cwch gwellt ar lian o flaen y cwch, a doder careg fechan o dan ymyl y cwch, i'r gwenyn fyned i fewn yn rhwyddach. Os bydd y gwenyn yn tyru ar gefnau eu gilydd wrth ddringo, nes cau y fynedfa i'r cwch, cymerer pluen i'w chwalu yn dringar, fel na ataliont y naill y llall. Da iawn yw porthi gwenyn newydd eu cychu mewn cwch gwellt neu goed, i'w helpu i dynu allan y crwybr dodi, a gweithio diliau yn gynt mewn cwch gwellt; ac y mae hyn yn hanfodol os bydd yr hin yn ddrwg, gan nad oes ganddynt ddim ystor wrth gefn. Mynych y collir heidiau o herwydd diofalwch am eu bwydo ar hin wlyb ac oer, ar ol iddynt heidio. Gwel *Porthi Gwenyn*.

HEIDIAU GYR.

Gan fod y gwenyn yn gwastraffu cymaint o amser cyn heidio yn naturiol, yn enwedig os byddant yn ymoeri wrth enau y cwch, yr hyn sydd golled fawr i'r gwenynwr gyda chwch gwellt, gwell fyddai gyru heidiau allan yn y drefn ganlynol. Pan fyddo'r cwch yn llawn o wenyn, a digon o fegegyron o'i fewn, ar ryw ddiwrnod teg, gyrer tua haner y gwenyn i gwch gwag. Gwel *Gyru*. A chraffer yn ofalus fod y Frenhines wedi myned i fyny. Yna cymerer y cwch gwag, a haner y gwenyn, a doder ef yn lle yr hen gwch, gan osod yr hen gwch mewn lle newydd yn ei ymyl. Os bydd mwy na'r haner wedi myned i'r cwch newydd, doder yr haid a'r hen gwch, un o bob tu i'r lle yr oedd yr hen gwch, fel y derbyniont bob un ran o'r gwenyn a ddychwelont o gasglu mel o'r meusydd. Os na fydd y gwenynwr yn sicr fod y Frenhines wedi myned i'r cwch newydd, gwylied efe yr haid newydd, a fydd hi yn aros yn llonydd. Os bydd yr haid yn sefyll yn y cwch newydd, gellir bod yn sicr fod y Frenhines yno, onide rhedant i gyd yn ol i'r hen gwch. Os nad oes gan wenynwyr unrhyw adnabyddiaeth o'r Frenhines, gwell yw gyru'r gwenyn oll o'r hen gwch i'r newydd, er mwyn sicrhau y Frenhines, ond gofaler am roddi yr hen gwch yn ei le arferol, a pheidier rhoddi yr haid newydd yn agos ato, fel y derbynio'r hen gwch bob gwenynen a ddychwelo o'r meusydd. Na wneler hyn ar un cyfrif, ond pan y byddo'r tywydd yn braf, a digon o wenyn allan. Nid yw hon yn ffordd dda, am mai yr hen wenyn a ânt yn ol i'r hen gwch, a gwaith y rhai hyny yn fwyaf neillduol yw casglu mel. Bydd y rhai hyn yn debyg o esgeuluso'r epil, pan y gwnelai rhai ieuainc ofalu yn well am danynt, ac ni fydd yno Frenhines ieuanc wedi ei deör cyn pen tair wythnos, ac yn ystod yr amser hyny llenwa yr hen wenyn y celloedd â mel, fel na fydd iddi le i ddodwy pan y deorir hi. Hefyd yn yr haid newydd, prif waith y gwenyn ieuainc yw gofalu am wenyn bach, ac ni fydd yno epil i fod dan eu gofal, fel ag y bydd y cwbl wedi ei drefnu o chwith.

Os na fydd y cychod gwellt yn gryfion, gwell fyddai gwneud y trydydd gwch, neu haid newydd o ddau hen gwch yn y dull canlynol. Gyrer y gwenyn oll o'r cwch cyntaf, gan ofalu fod y Frenhines wedi myned, a dodor yr haid newydd yn y lle yr oedd yr hen gwch o'r blaen. Symuder yr ail hen gwch i le newydd, a doder yr hen gwch cyntaf yn ei le i dderbyn y gwenyn a fyddont allan yn y caeau, y rhai a gyfodant Frenhines newydd iddynt eu hunain. Rhwng y gwenyn a ddeorir ynddo a'r rhai a dderbyniodd o'r ail hen gwch, bydd yn fuan mor gryfed o wenyn a'r lleill. Buasai yn fanteisiol rhoddi Brenhines at y cwch a adawyd heb yr un, sef yr hen gwch a osodwyd yn lle yr ail hen gwch. Drwy hyny rhoddid iddo dair wythnos o fantais dodwy. Os bydd y gwenynwr yn dewis cael ychwaneg o gynydd na gwneud un cwch gwellt yn ddau, os na heidia'r hen gwch, yn mhen tua thair wythnos neu fis, yr hyn y mae'n dra thebygol o wneud, os na chymerir gormod o wenyn oddiarno yn yr haid gyntaf, yna gellir gyru haid o'r haid a yrwyd, os na fydd yr hen gwch wedi heidio. Os byddys wedi rhoddi Brenhines at yr hen gwch, wrth gymeryd yr haid gyntaf oddiarno, gwell fyddai cymeryd yr ail haid o'r hen gwch. Ni wiw i'r gwenynwr ddysgwyl llawer o fêl, os bydd yn gweithio ei wenynfa am gynydd. Rhaid iddo ymfoddloni ar naill ai cynydd neu fêl. Os na chymer efe haid o'r haid gyntaf, gall hon weithio iddo restlaid o adranau, neu lenwi cwch gwag â mel a osodir oddiarnodd. Yr un modd gyda'r hen gwch.

Gellir gwneud cychaid newydd o gwch ystram, fel y canlyn. Cymerer dwy ystram ag epil ynddynt, a gosoder hwynt mewn cwch gwag, gan ofalu fod y Frenhines yno i'w canlyn. Mae hi yn debyg o fod yn nghanol y cwch. Tyner ystramiau yr hen gwch at eu gilydd, i gau y bwlch a wnaethpwyd wrth symud o hono y ddwy a nodwyd, a symuder ef i le newydd, a doder y cwch arall yn ei le, gan roddi dwy ystram gyda chrwybr gwag o bobtu, a'i gyfyngu â'r gwahanfwrdd. Derbynia hwn y gwenyn a ddeuant yn ol i'r hen le, ond arosa y gwenyn ieuainc yn yr hen gwch i ofalu am yr epil. Byddai yn fuddiol dodi Brenhines, neu gell Brenhines ar ddeor at yr hen gwch. Os cynydd cymhedrol fydd ar y gwenynwr ei eisieu, gall wneud dau gwch ystram yn dri fel y canlyn.

Cymerer pedair neu bump o ystramiau ag epil ynddynt, ac ysgydwer neu ysguber y gwenyn oddiarnynt, a gofaler fod rhai o honynt ag wyau ynddynt. Cymerer hefyd ddwy ystram fêl, a doder hwynt mewn cwch gwag, un o bob tu i'r ystramiau epil. Llanwer y cwch cyntaf y cymerwyd yr ystramiau o hono ag ystramiau gyda chrwybr gwag, neu grwybr dodi, a rhodder yr ystramiau â chrwybr epil ynddynt yn y canol. Os oes rhai a mel yn unig ynddynt heb ddim epil, rhodder hwynt yr ochr allan i'r ystramiau gyda chrwybr dodi, h.y., yr epil yn y canol, crwybr dodi yn agosaf iddynt, ac ar ol hyny y diliau mel.

Symuder yr ail hen gwch i le newydd, a doder y cwch gwag ag ystramiau epil ynddo, y rhai a gymerwyd o'r hen gwch cyntaf, yn ei le. Daw yr hen wenyn o'r cwch arall iddo, i ofalu am yr epil, a chyfodant Frenhines iddynt eu hunain o'r wyau. Mewn gwlad lle nad yw y cynhauaf mel yn dechreu hyd nes y daw y meillion gwynion, bydd yr heidiau hyn ddigon cryfion i gasglu mel yn y modd mwyaf manteisiol, yn enwedig os rhoddir Brenhines i'r haid newydd a wnaethpwyd ag ystramiau.

UNO HEIDIAU.

Wrth uno heidiau y golygir gyru dau gwch at eu gilydd, neu ynte eu huno mewn cwch ystram. Bydd anghen gwneuthur hyn pan y byddo heidiau yn weiniaid, neu gyda gwenyn gyr ddiwedd y flwyddyn, y rhai yn ol yr hen arfer farbaraidd gynt y byddys yn eu lladd, drwy fygu'r cychod â chanwyllau brwmstan. Er uno heidiau yn llwyddianus, mae'n ofynol yn gyntaf cael y gwenyn wedi ymlenwi â mel; wed'yn eu bod oll â'r un arogl arnynt, ac yn olaf eu bod wedi eu dychrynu, fel nad ymladdont. Os cychod gwellt a fyddant eisieu eu huno gwell yw gyru y gwenyn allan o'r ddau gwch, ar ol

30.—Gwlith seuthydd.

rhoddi ychydig fwg ynddynt. Gwel *Gyru*. Chwystreller ychydig o surfedd teneu arnynt, gyda dau neu dri dyferyn o *Essence of Peppermint* ynddo, er mwyn rhoddi yr un arogl arnynt oll. Gwel darlun 30ain a 36ain. Os bydd un Frenhines yn salach na'r llall, gofaler am ei lladd. Nid yw hyn gymaint o bwys i'r gwenynwr anghyfarwydd, am y gwna'r gwenyn eu hunain wneud hyny. Ni ddylid uno cychod gwellt â'u gilydd un amser, ond yn niwedd y flwyddyn. Wedi hyny bydd anghen dodi'r gwenyn a yrwyd allan yn un o'r ddau gwch i fod yn un haid unedig, drwy dywallt y ddwy haid am benau eu gilydd ar lian o flaen y cwch, a gofaler fod cwr y llian yn rhedeg i fyny i geg y cwch, fel ag i'w harwain iddo wrth ddringo ar i fyny yn un llinyn at ei odre i fyned i fewn iddo. Gellir uno heidiau gweiniaid yn yr haf, er mwyn cael un haid gref; ac os dygwyddant fod wedi heidio yr un dydd, ni raid poeni dodi surfedd iddynt, na'u chwystrellu â sudd mintys (essence of peppermint), ond yn unig eu cymysgu drwy eu tywallt ar eu gilydd ar lian fel y nodwyd o flaen y cwch; ond gofaler eu tywallt allan o'r ddau gwch, i fyned i fewn i'r trydydd, ac nid tywallt un haid i fyned i fewn at wenyn sydd i fewn eisoes. Bydd yn llawer haws uno gwenyn mewn cychod ystramiau nag mewn rhai gwellt, gan nad oes anghen gyru gwenyn allan o'r rhai hyn.

Gwedi dyfod a'r cychod at ymyl eu gilydd (gwel *Symud Gwenyn*), rhodder ychydig o fwg i'r ddau gwch, ac wedi gadael mynyd neu ddau i'r gwenyn ymlenwi â mel, cymerer yr ystramiau allan bob yn un, a chwystreller hwynt â surfedd a dyferyn neu ddau o sudd mintys ynddo, a rhodder hwynt yn eu holau yn yr un cwch. Gofaler na rodder ychwaneg o'r sudd mintys na dyferyn neu ddau, am y gallai niweidio'r gwenyn. Gwna mintys wedi eu rhoddi mewn dwr poeth eithaf arogl ar y surfedd, ac y mae lawn mor ddiniwed a dim a geir gan gyffeiriwr. Chwyther ychydig yn rhagor o fwg i'r ddau gwch. Coder yr ystramiau o un cwch, gan eu gosod bob yn ail â'r ystramiau yn y cwch arall, a gofaler rhoddi yr ystramiau epil o'r ddau gwch yn y canol. Os bydd mwy na llonaid y cwch unedig o ystramiau, cadwer yr ystramiau sydd â mel yn unig ynddynt allan. Os bydd mwy na'i lonaid o ystramiau gyda chrwybr epil, gellir eu symud i gychod eraill, ar ol yn gyntaf ysgwyd y gwenyn oddiarnynt i'r cwch unedig. Os bydd y cwch yn ddigon hir (gwel darlun 12fed), gwell fyddai dodi'r ystramiau tua dwy fodfedd oddiwrth eu gilydd, a'u gadael felly am bedair awr ar hugain, am y byddant yn debycach o uno, a pheidio lladd eu gilydd.

Y ffordd oreu i uno cychod peiliaw ydyw, mygu iddynt, a'u chwystrellu fel o'r blaen, a'u dwyn i ymyl eu gilydd. Gwel *Symud Gwenyn*. Cymerer un o'r Brenhinesau ymaith, yna coder y cwch y cymerwyd y Frenhines o hono a doder ef ar dop y llall, gan agor y twll porthi yn yr hulyn sydd ar dopiau ystramiau y cwch isaf, i greu cymundeb rhyngddynt. Gellir tynu yr hulyn hwnw ymaith yn mhen diwrnod neu ddau, ac

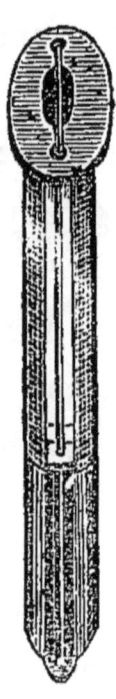

nid oes perygl mawr o'i dynu ymaith wrth eu huno. Os bydd y Frenhines a adewir yn un rhagorol a gwerthfawr, gwell a fyddai ei dodi mewn ffronc (cage) wedi ei wneud i'w chadw. Gwel darlun 31ain. Doder y Frenhines yn y cwch, yn ol y cyfarwyddyd a roddir ar gyflwyno Brenhinesau i haid. Gwel adran ar Frenhinesau, a'r modd i'w cyflwyno i heidiau.

31.—Ffronc Howard.

TROSGLWYDDO GWENYN.

Wrth drosglwyddo y golygir symud gwenyn a'u diliau o gwch gwellt i gwch ystramiau.

Ar ol gyru'r gwenyn o gwch gwellt, tyner y diliau allan yn dringar ac heb eu tori, a rhwymer hwynt yn yr ystramiau gyda ffunen gul, a chylymer y ffunen am danynt o waelod yr ystram tua'r top. Os na fydd y crwybr yn llenwi'r ystram o'r top i'r gwaelod, doder ystyllen o dan waelod y crwybr, a dwy ffunen i'w rwymo yn dyn wrth y bar uchaf. Dylid rhoddi ffunen wedy'n am y bar uchaf a'r isaf yn mhob pen i'r ystram, i gadw'r crwybr rhag ysgwyd ynddi. Nid yw e o un pwys fod rhai bylchau yn y crwybr, neu nad yw can hired a'r ystramiau. Gweithia'r gwenyn yr adwyon hyn i gyfanu y gwaith. Can fod crwybr dodi mor rad, gwell fyddai peidio rhoddi crwybrau ceimion yn yr ystramiau, am eu bod yn dyrysu llawer ar waith y cwch; ac ar bob cyfrif na ddoder crwybr begegyron. Hen grwybr yw'r goreu i'w drosglwyddo, am ei fod yn gryfach i ddal triniaeth, ac ni ddylid trosglwyddo crwybrau ieuainc, gan na ddaliant i'w rhwymo yn yr ystramiau. Hefyd, ni ddylid cynyg trosglwyddo gwenyn ar dywydd oer, rhag i'r epil gael eu rhynu i farwolaeth, yr hyn a all arwain i'r afiechyd gwaethaf ar wenyn, a elwir mallepil (foul brood). Y peth nesaf i'w wneud yw rhoddi'r ystramiau mewn cwch coed, a rhodder hulyn drostynt i'w cadw yn gynhes. Tywallter y gwenyn wedi hyny o flaen y cwch. Gwel *Cychu Gwenyn.*

SYMUD GWENYN.

Bydd yn rheidiol weithiau symud cychod o un parth o'r wenynfa i ran arall o honi, ond ni ddylid gwneud hyny ar unwaith, am y collid llawer o wenyn, y rhai a aent yn ol i'w manau arferol. Gellir symud ychydig ar gwch heb achosi colled, drwy wneud hyny rhyw lathen bob dydd y daw gwenyn allan i hedeg.

Os nad ellir eu symud felly, gwell fyddai symud y cwch tua milldir oddiyno am wythnos, neu ragor, a'i ddwyn yn ol wedi hyny i'r fan y mae eisieu ei osod. Yn ystod y gauaf, ac ar dywydd rhy oer i'r gwenyn ddod allan am wythnosau, gellir eu symud fel y mynir. Os byddys am symud y gwenyn i bellder, drwy eu cario hyd y rheilffordd, mewn cerbyd, neu ryw ffordd arall, dylid rhoddi croes briciau drwy y cwch gwellt, os na fydd rhai wedi eu gosod wrth gychu yn y dechreu. Tyner ymaith y cauad, a rhodder llian yn ei le, gan ei rwymo yn ofalus am ymyl y cwch â llinyn cryf, rhag i'r gwenyn ddianc, a charier y cwch a'i wyneb i fyny, rhag iddynt fygu. Wedi myned â'r cwch i ben ei daith, rhodder y cauad yn ol fel o'r blaen.

I symud cychod coed am bellder o ffordd, y peth cyntaf i'w wneud yw tynu ymaith yr hulyn, a dodi darn o sinc mân-dyllog yn ei le, neu lian rhwyd-dyllog, ond sinc yw'r goreu. Cymerer dwy o ais i'w hoelio ar draws yr ystramiau ar dop y cwch, un yn mhob pen iddynt, ac os na fydd ysgwyddau gan yr ystramiau i gadw y pellder priodol oddiwrth eu gilydd, gwell rhoddi darn o bren neu gorcyn i'w cadw rhag rhedeg at eu gilydd, a lladd y gwenyn. Dylid sicrhau y bwrdd gwaelod wrth y cwch ag asgrwyon, a rhoddi darn o sinc tyllog ar y fynedfa, i atal y gwenyn ddod allan. Nid yw yn dro doeth symud cychod ystramiau heb fod ynddo grwybr a wifrau wedi eu gweithio ynddo, i ddyogelu'r diliau rhag tori. Pe byddai y diliau yn dygwydd tori, a'r gwenyn yn haner foddi mewn mel, y ffordd oreu yw eu golchi mewn dwr cynhes, a'u dodi ar lian i sychu yn yr haul, pryd yr ymadferant, ac yr ânt yn ol i'r cwch, ond ei ddodi yn agos atynt.

PORTHI GWENYN.

Mae amryw amgylchiadau o dan ba rai y dylid porthi gwenyn. Y mae anghen porthi pan yr ydys am *symbylu y Frenhines i ddodwy*, sef tua chwech wythnos cyn dechreu y cynhauaf mel, yr hyn a wneir fel y canlyn. Rhaid paratoi surfedd drwy roddi pum pwys o sugr gwyn, sef y sugr sydd yn dorthau, i'w ferwi

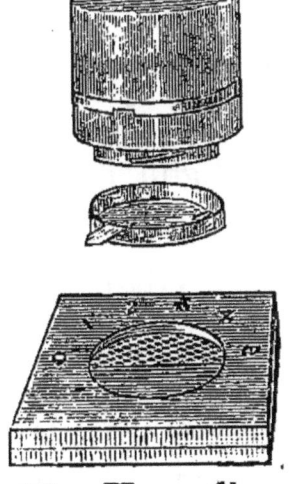

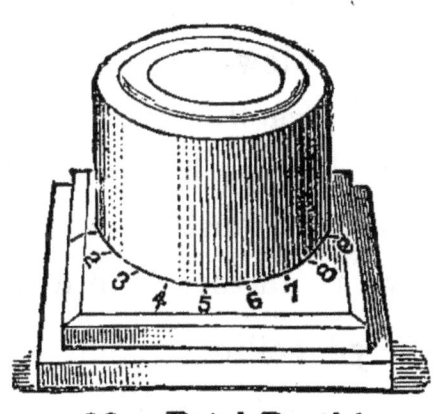

32.—Potel Borthi.

32.—Un arall.

mewn tri pheint o ddwr, a rhodder llonaid llwy fwrdd o vinegr, a thua haner wns o halen am ei ben. Gwell fyddai ei roddi i'r gwenyn yn glauar neu lygoer, a chymerant ef yn llawer cynt nag yn oer. Y porthlestr goreu yn y gwanwyn yw y botel a wneir i'r pwrpas. Gwel darlun 32ain. Torer twll yn nghanol yr hulyn sydd ar yr ystramiau, a gofaler fod y twll ar gyfer y gwagle sydd rhyngddynt, tua dwy fodfedd ysgwar, ar yr hwn doder y plocyn. Gwel darlun 32ain. Os bydd rhifnodau arno, gofaler am roddi yr ochr hyn i fyny. Ar ol llenwi'r botel â surfedd, doder hi a'i gwyneb i lawr ar y plocyn. Bydd dau neu dri o dyllau yn ddigon i symbylu'r Frenhines ddodwy. Cymerer gofal am beidio rhoddi gormod o surfedd iddynt, rhag llenwi'r celloedd ag ef, fel na fyddo lle i'r Frenhines ddodwy. Mae chwarter peint y dydd yn ddigon i gwch cryf. Mae y porthlestri hyn yn ddrud, sef 1s. yr un. Ond gellir gwneud gyda photeli gwydr, a chegau mawrion, drwy gylymu darn o chwysigen am enau y botel, neu olew-lian (oil cloth), neu lian cyffredin, a chymeryd gwaell hosan yn boeth, i dyllu dau neu dri o dyllau yndlo, yr hyn a fydd yn ddigon i symbylu'r Frenhines. I borthi gwenyn yn gyflym ddiwedd y flwyddyn rhaid tori wyth neu ddeg o dyllau.

Hefyd gellir gwneud y plocyn drwy dori twll i gynwys ceg y botel mewn planc modfedd, ar yr hwn y mae darn o sinc tyllog i gael ei hoelio. Rhaid cymeryd planc haner modfedd o drwch, a thori twll ynddo o'r un faintioli, a'i hoelio ar y sinc, fel y byddo'r ddau dwll yn gymhwys ar gyfer eu gilydd. Byddant yn well rhag tori, os hoelir y ddau blanc â'u graen yn groes i'w gilydd.

Os na fydd y gwenyn yn casglu paill, ni wna'r Frenhines ddodwy er ei symbylu drwy ei phorthi, ac am hyny dylid rhoddi paill gwneud iddynt i fwydo gwenyn ieuainc drwy wneud teisenau o sugr fel y canlyn. Berwer chwe phwys o sugr mewn tri chwarter peint o ddwr, gan ofalu am ei droi fel na chaffo losgi, am fod sugr llosg yn niweidiol i wenyn, ac os porthir hwynt ag ef ar hin oer, byddant yn bur debyg o farw. I wybod os bydd wedi berwi digon, cymerer ychydig mewn llwy, a doder ef ar blât oer; os bydd yn caledu, ac yn glynu ychydig yn y bys, gwna y tro, a thyner ef i lawr oddiar y tân, a dalier i'w droi o hyd yn gyflym, a dylid rhoddi pwys o flawd pys neu wenith, yn araf ynddo wrth ei droi, a'i gadw rhag myned yn glapiau. Wedi hyny tywallter ef i ddarnau papyr mewn sawseri, neu i ddysglau bychain, gan ofalu na fyddo'r teisenau dros fodfedd o drwch. Rhodder y teisenau hyn ar dopiau ystramiau yn y cychod, a'u gwynebau lawr, a'r papyr i gadw'r hulyn rhag glynu ynddynt. Mae y teisenau hyn yn rhagori ar surfedd yn gynar yn y flwyddyn, am na chymer y gwenyn mo'r surfedd os bydd y tywydd yn oer, ac nid oes un perygl oddiwrth y teisenau y cymer y gwenyn ormod o hwynt, ond gallant ei gael fel y byddo'r anghen. Hefyd, rhaid porthi yn rheolaidd bob dydd gyda surfedd, tra y mae caceni yn ymborth am amser, a gellir gwybod drwy deimlo top yr hulyn, os bydd y gacen wedi darfod. Mae caceni o'r fath yma, heb flawd ynddynt, yn dda i borthi gwenyn yn y gauaf. Dylid berwi caceni felly ychydig yn galetach na'r rhai blaenorol.

Ffordd dda i borthi cychod gwellt yw rhoddi sugr llwyd o ronynau mân mewn phiol bren, neu ryw lestr tebyg (Porto Rico sugar), a'i wasgu yn dŷn yn y llestr, a rhoddi ychydig o fêl neu surfedd i'w wneud fel toes tew, a throi y phiol a'i phen i lawr uwchben y twll a fyddo yn nhop y cwch, a hulier ef â hen gadach, neu ryw gysgod cynhes arall, i gadw'r gwynt rhag myned at y gwenyn. Gellir gwneud yr un modd gyda chychod coed, drwy roddi'r phiol ar ben yr ystramiau uwchben y twll porthi a fyddo yn yr hulyn.

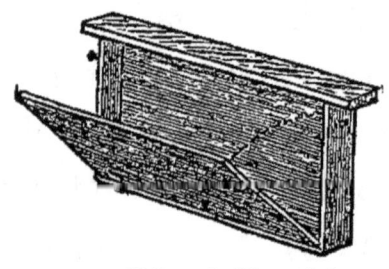

33.—Blwch Porthi.

Mae ffordd arall i borthi gyda sugr sych, drwy ei roddi mewn blwch pwrpasol (gwel darlun 33ain), a rhodder ef wrth ochr yr ystramiau yn lle y gwahanfwrdd. Nid â'r gwenyn iddo ar dywydd oer, ond trigant yn ymyl digonedd o fwyd. Mae hon yn ffordd ragorol, a neillduol o ddidrafferth ar dywydd cynhes. Hefyd, yn nghanol yr haf, byddai yn fuddiol symbylu y Frenhines drwy borthi â surfedd fel y nodwyd, os bydd y tywydd yn wlyb. Mewn manau nad oes dim grug, a'r cynhauaf mel yn darfod yn gynar yn Awst, dylid symbylu y Frenhines i ddodwy, er mwyn codi digon o wenyn ieuainc erbyn y gauaf, yr hyn sydd yn hanfodol i auafu yn llwyddianus.

Porthi i godi crwybr. Ar dywydd gwlyb yn yr haf, pan y byddo'r gwenyn heb waith arall i'w wneud, cynllun doeth yw eu bwydo i dynu crwybr allan. Rhodder dwy neu dair o ystramiau yn nghanol y cwch, a chrwybr dodi ynddynt, a phorther hwynt yn araf, fel y dywedwyd o'r blaen. Ar ol i'r gwenyn dynu'r crwybrau allan, os na fydd y Frenhines wedi dodwy ynddynt, cymerer hwynt ymaith, a chadwer hwynt yn ofalus, nes byddo anghen am danynt. Os bydd y Frenhines wedi dodwy ynddynt, cymerer y crwybrau agosaf allan, neu unrhyw rai heb epil ynddynt, gan roddi ystramiau drachefn yr un modd i'w tynu allan. Pe dygwyddai fod gan y gwenynwr gwch heb Frenhines yn dodwy, hwnw fyddai y goreu i'r amcan yma, am y byddai y crwybrau yn lân oddiwrth wyau.

Porthi yn yr Hydref at y Gauaf. Os bydd y gwenynwr wedi bod yn symbylu'r Frenhines, dylai ymatal oddiwrth hyny ganol Medi, neu'r diwedd y fan bellaf. Os na fydd gan y gwenyn ddigon o ymborth i auafu arno, dylid eu porthi can gyflymed ag sydd modd gyda'r porth-lestr. Gwel darlun 32ain. Dylai y surfedd fod yn dewach i'r amcan yma, nag i symbylu'r Frenhines. Rhodder pum pwys o sugr mewn dau beint a haner o ddwr, i'w wneud yn surfedd fel y nodwyd yn flaenorol, gan ofalu ei fod o'r un drwch â mel newydd ei dynu o'r cwch. Rhodder yr holl dyllau yn agored, er mwyn iddynt ei ystorio yn fuan, cyn y delo'r tywydd oer, onide nis gallant addfedu'r surfedd, a chau arno yn y celloedd. Os na wnant hyny, y perygl yw i'r surfedd suro, ac achosi clefyd y rhyddni ar y gwenyn. Os dygwydd i'r gwenynwr oedi porthi y gwenyn hyd nes delo'r hin oer, y ffordd oreu dan yr amgylchiadau yw rhoddi y teisenau sugr a nodwyd yn flaenorol ar dopiau yr ystramiau.

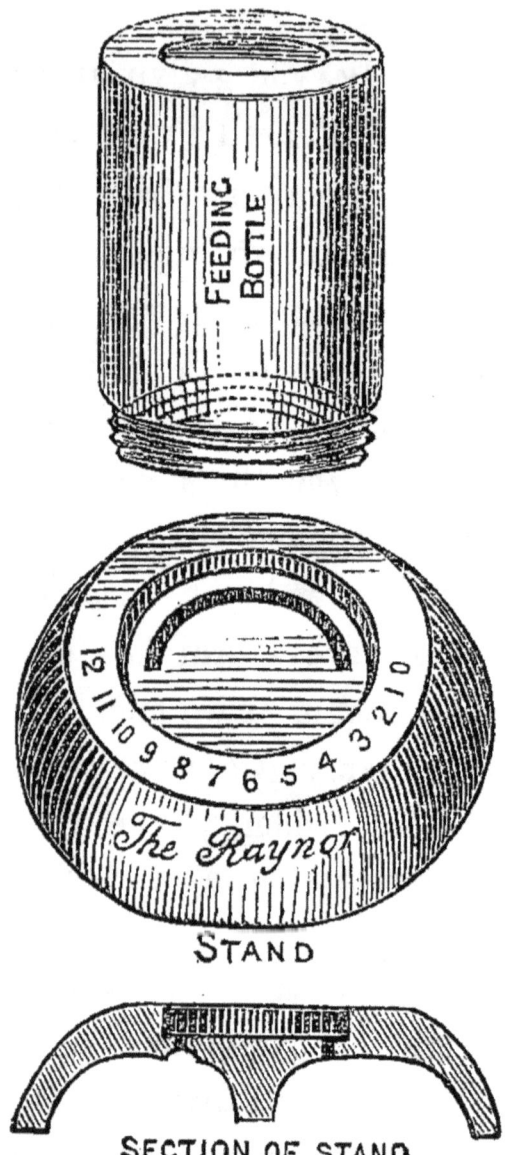

34.—Porth-lestr Raynor.

Pan y porthir, *dylid cymeryd y gofal mwyaf am gau o gylch y porth-lestri*, fel nas gallo gwenyn o gychod eraill fyned i fwyta oddiwrth ymylon y porthlestri hyn, ac hefyd *culhaer drysau y cychod y byddys yn eu porthi*, er mwyn galluogi y gwenyn sydd yn geidwaid-y drysau i amddiffyn y cychod rhag cael eu hyspeilio. Ni ddylid ar un cyfrif borthi gwenyn y gauaf, yn lle eu tynu lawr i drigo. Porth-lestr Raynor yw'r goreu, am ei fod yn cadw'r gwres i fewn. Gwel darlun 34ain.

GWENYN YN YSPEILIO.

Mae cychod cryfion o wenyn yn dueddol i ymosod ar gychod gweiniou i'w hyspeilio, yn enwedig os na fydd mel i'w gasglu yn y meusydd. Dylai fod yslithren wrth ddrws pob cwch i'w gulhau, neu ei helaethu, yn ol yr anghen. Gwel darlun 11*b*. I wybod fod cwch yn cael ei yspeilio, gellir gweled gwenyn yn ymladd, ac yn cydio am eu gilydd, a rhai o honynt yn cwympo yn farw ar y llawr, pryd y dylid ar unwaith gulhau y drws, fel nas gallo ond un wenynen fyned drwyddo. Os na wna hyn eu hatal, ac adfer tawelwch, rhodder darn o wydr ar ei osgo gyferbyn â'r drws, pryd yr â'r lladron ar eu hergyd yn erbyn y gwydr, nes cael eu taro lawr, ond â'r gwenyn cartrefol yn hwylus gyda'i ochr i fewn. Os na fyddant wedi bod yn hir yspeilio, etyl y gwydr y gwaith; ond os byddant wedi cael blas ar y gorchwyl, ac yn para i yspeilio, cymerer dyrnaid o laswellt, neu ddanadl poethion, a rhodder hwynt yn llac ar ddrws y cwch, ond nid i gau y gwenyn cartrefol allan yn llwyr. Pè na fyddent yn ymatal oddiwrth yspeilio er hyny, chwystreller y borfa neu y danadl hyn â *Carbolic Acid* wedi ei wneud yn drwyth. Mae rhai yn cymeradwyo dodi pibell o din, tua chwe modfedd o hyd, yn ngheg y cwch, a chau oddiamgylch iddi, er atal gwenyn i fyned fewn, ond ei gadael i'r lladron ddianc allan, ac fel rheol ni fedrant gael hyd i geg y bibell din i fyned yn eu holau. Dylid tynu y bibell ffwrdd cyn nos, fel y gallo gwenyn y cwch fyned iddo. Y peth mawr yw rhagflaenu pob yspeilio, drwy gadw'r cychod oll yn gryfion, a pheidio colli mel na surfedd yn y wenynfa, i'r gwenyn gael blas. Os unwaith y dechreua gwenyn yspeilio, y mae bron yn anichonadwy eu hatal.

GAUAFU GWENYN.

Mae e o'r pwys mwyaf i auafu gwenyn yn briodol, am y byddant yn niwedd y gwanwyn, neu ddechreu yr haf, yn barod i waith, os yn gryfion. Nid oes lle i obeithio llawer oddiwrth wenyn yr haf canlynol os na fyddont wedi eu gauafu yn iawn. Tuag at eu gauafu'n briodol, dylai fod ganddynt ddigonedd o ymborth, ac hefyd fod y cychod yn gryfion o wenyn, a'r mwyafrif yn ieuainc, ac hefyd y Frenhines heb fod yn hen. Hefyd rhaid eu cadw yn sych a chynes, ac o gyrhaedd llygod, ac ni ddylid aflonyddu arnynt, am eu bod yn y gauaf yn galw am dawelwch i auafgysgu (hybernate). Yr ymborth goreu i auafu gwenyn arno ydyw mel. Os bydd ystramiau i'w hebgor mewn unrhyw gwch ag y mae gormod o fêl ynddo, doder hwynt mewn cwch ag y mae prinder ynddo. Os na fydd mel i'w gael dylid eu porthi, fel y byddo ganddynt ddigon o gynhaliaeth hyd ddiwedd Ebrill. Gwel *Porthi*. Dylai fod gan bob cwch o wenyn yn nechreu y gauaf o ugain i ddeg pwys ar hugain o ymborth, yn ol ei faint. Am fod cychaid cryf o wenyn yn cadw ei hunan yn gynhesach na chychaid gwan, bwytaä gwenyn fwy o ymborth yn ol eu rhif mewn haid wan, na haid gref.

Mewn cychod coed, ni ddylid gadael ychwaneg o ystramiau nag a fedr y gwenyn mewn cwch eu gorchuddio, a dylid tynu ystramiau di-wenyn allan, a chau y tu ol iddynt â gwahanfwrdd neu y blwch porthi. Torer twll drwy ganol y crwybrau sydd ar yr ystramiau o'r naill ben i'r llall yn y cwch, digon mawr i'r gwenyn fyned drwyddo, neu doder dwy ystyllen haner modfedd o dan yr hulyn sydd ar dop yr ystramiau, fel y gallo'r gwenyn gael twnel i deithio drwy'r cwch yn y pen uchaf. Mae gryn ddadleu pa un ai hulyn rhwyllog, neu ynte un o ddefnydd di-rwyllau yw y goreu i'w roddi ar y gwenyn yn y cwch. Mwy dewisol genym ydyw hulyn rhwyllog o garped, calico, neu ddefnydd llin. Rhodder yn nesaf at yr ystramiau hulyn o galico. Ar hwnw doder darn o lawban (felt) neu wlanen. Os na fydd y rhai hyn yn gyfleus, gwnelai cwd sugr y tro yn ddau reu dri phlyg. Da iawn fyddai clustog o fanus, neu wellt wedi ei dori ar ei dop. Bydd eraill yn rhoddi y rhestl heb yr adranau, wedi ei lenwi â manus, a darn o galico yn waelod iddo, wedi ei osod yn llac, fel y gorweddo yn esmwyth ar dop y cwch. Gyda'r drefn yma o auafu, dylid culhau y drws i tua thair modfedd o led.

Gyda chychod Cowan a chwch safonol Cymru, byddai yn llesol llanw rhwng yr amflychau â'r cychod, gyda manus, neu wellt wedi ei dori. Gwel darlun 10fed.

Gyda hulyn di-rwyllau, y ffordd oreu yw cymeryd olew-lian Americaidd (American Enamelled Cloth), a dodi yr ochr loyw yn agosaf at y gwenyn. Ar hwn doder plyg neu ddau o wlanen neu lawban, neu gydau sugr fel o'r blaen. Ar hyny doder bwrdd, a phwysau arno, i gadw'r cyfan yn gauedig, ond gadawer y drws yn llydan agored. Ni ddylid gwneud un cynyg at auafu gwenyn heb fod digon o nifer o honynt i guddio o bedair i chwech o ystramiau. Os na fydd cynifer a hyny, gwell fyddai uno dau gwch er mwyn cael un haid gref. Pan fyddo'r eira ar y ddaear, gwell fyddai cysgodi'r cychod yn dda, rhag i'r gwenyn gael eu denu allan, a syrthio i'r eira, a marw. Mae gwenyn yn gauafu yn well mewn cychod dwbl, h.y., cychod ag amflychau am danynt, nag mewn cychod sengl. Hefyd, dylid edrych yn awr ac eilwaith na fyddo genau y cwch yn cael ei dagu gyda gwenyn meirw. Os bydd hyny yn cymeryd lle, cymerer wifren wedi ei phlygu yn rhac bychan, i'w tynu allan yn lân. Tua mis Chwefror, os bydd y cauad neu y bwrdd gwaelod a llawer o ysgarthion neu wenyn meirw arno, ar ddiwrnod teg, tyner ef i ffwrdd, a glanhaer ef yn lân, a rhodder ef yn ol yn fuan, heb gynhyrfu ond can lleied ag a ellir ar y gwenyn. Y mae'n hollol reidiol diddosi cychod gwellt gyda hwd, neu bais wellt, os na fyddant mewn pendist, a dylid rhoddi brwyn, broc, neu redyn o'u cylch yno, y rhai sydd yn well na gwellt i gadw llygod allan.

GWENYN GYR.

Yr hen arferiad farbaraidd gynt oedd mygu y gwenyn â chanwyllau brwmstan, er mwyn cael eu mel, ac y mae llawer o hyn yn cael ei wneud hyd heddyw. Mae'n ddifrod mawr ar wenynfa i neb wneud hyn, yr un fath a phe byddai un yn lladd gwartheg blithion mewn buches er mwyn cael eu llaeth. Gellir cael y mel yn haws ac yn well drwy eu gyru allan o'r cychod, ac hefyd arbed bywyd y gwenyn i weithio yn y tymhor dyfodol. Gwel *Gyru Gwenyn*. Os bydd y diliau yn rhai newyddion, ac yn neillduol os na fydd y gwenyn wedi gorphen gweithio i lenwi y cwch, ar ol tynu ymaith y priciau croesion, troer y cwch a'i wyneb i fyny, a dalier ef ar led osgo, a tharawer top coryn y cwch yn y ddaear yn groes i rediad y diliau, ac ymollyngant oddiwrtho, am fod diliau newyddion yn bur grinion. Coder hwynt wedy'n bob yn un o'r cwch, gan ysgubo'r gwenyn oddiarnynt yn eu holau. Rhodder y cwch yn ei ol wedy'n, er mwyn i'w holl wenyn ymgasglu iddo. Os bydd mwy nag un cwch i'w yru yn yr un wenynfa, lle yr amcenir eu gauafu, dylid eu symud bob yn ychydig, ryw haner llath neu ragor bob dydd, nes eu dwyn i ymyl eu gilydd. Ar ol eu gyru oll, dylid uno tair neu bedair haid i auafu. Os porthir y rhai hyn yn ofalus, gwnant gychod cryfion. Gan fod cynifer yn mygu eu gwenyn, talai yn dda i wenynwr gasglu y gwenyn cyn eu lladd, ac arbedir i'r meddianwr gwenyn y drafferth o'u mygu, a bydd ei fêl yn rhagorach. Ar ol eu gyru oll, uner tair neu bedair haid o'r gwenyn i'w cario mewn un cwch gwellt, a rhwymer llian rhwyllog at wneud caws ar ei wyneb, er mwyn iddynt gael digon o awyr. Da iawn fyddai fod dernyn sinc yn nhop y cwch, er mwyn gyru gwynt drwyddo, am fod yn hawdd iawn eu mygu, os bydd llawer o honynt. Gofaler eu cario a'r llian i fyny. Dylid rhwymo'r llian yn hynod o ofalus, rhag iddynt ddianc allan, yn enwedig os byddant yn cael eu cludo ar y rheilffordd. Pe deuent allan, gallent wneud niwed mawr, a byddai pen yn cael ei roddi ar eu cludo gyda'r tren. Dylid eu cychu can gynted ag y byddo modd. Hefyd, rhodder diliau mel yn y cwch, neu grwybrau wedi eu tynu allan, gan y bydd yn rhy ddiweddar ar y flwyddyn i'r gwenyn weithio rhai at y gauaf. Os nad ellir fforddio rhoddi dim iddynt ond crwybrau gweigion, dylid eu porthi yn ddioedi, ac mor gyflym ag y gellir. Gwel *Porthi*.

Wrth yru gwenyn ddiwedd y flwyddyn i uno cychod at y gauaf, ceir cyfle diail i gael Brenhinesau ieuainc, i'w cyflwyno i gychod ag y mae hen Frenhinesau ynddynt, pryd y lleddir yr hen rai, ac y dodir rhai ieuainc yn eu lle. Gwel *Cyflwyno*.

CLEFYDON Y GWENYN.

Dau fath o afiechyd sydd yn blino y gwenyn gan fwyaf, sef yn gyntaf rhyddni, yr hwn a gynyrchir drwy fwyta bwyd sur, sef surfedd neu fêl wedi bod yn y cwch drwy'r gauaf heb ei gapio. Peth arall a'i hachosa, yw fod y gwenyn yn cael eu cadw yn rhy hir gan dywydd oer yn y cychod heb gael myned allan, yn enwedig os byddant mewn cychod oerion. Os bydd yr afiechyd hwn arnynt, byddant yn diwyno yn eu cychod, ac arogl drwg arnynt, ac weithiau bydd nifer mawr o wenyn wedi marw i'w gweled ar y bwrdd gwaelod. Hefyd, ceir gweled rhai gwenyn yn dod allan wedi chwyddo, ac yn methu hedeg.

I'w gwella, dylid tynu ymaith bob crwybr sydd â mel neu surfedd heb ei gapio. Hefyd, os dygwydd hyn yn y gwanwyn, dylid dodi'r gwenyn mewn cwch glân, os cwch ystramiau a fydd, a phorther hwynt ag ystramiau, a'r mel wedi ei gapio ynddynt, neu gyda'r gacen sugr. Os dygwydd hyn yn y gauaf, gwell peidio eu symud i gwch newydd, ac na wneler dim ond glanhau y bwrdd gwaelod yn hollol lân. Nis gellir gwneud rhagor i gwch gwellt na glanhau ei waelod, a'i ddiddosi yn gynhes.

I atal y gwenyn gael y rhyddni, dylid tynu â'r tyniedydd bob mel heb ei gapio yn niwedd y flwyddyn.

Y clefyd mwyaf marwol sydd yn blino'r gwenyn yw'r mallepil. Tybir ei fod yn cael ei gynyrchu yn fwyaf cyffredin, drwy fod yr epil yn oeri, ac yn marw cyn deor. Hefyd, y mae lleithder yn y cychod yn

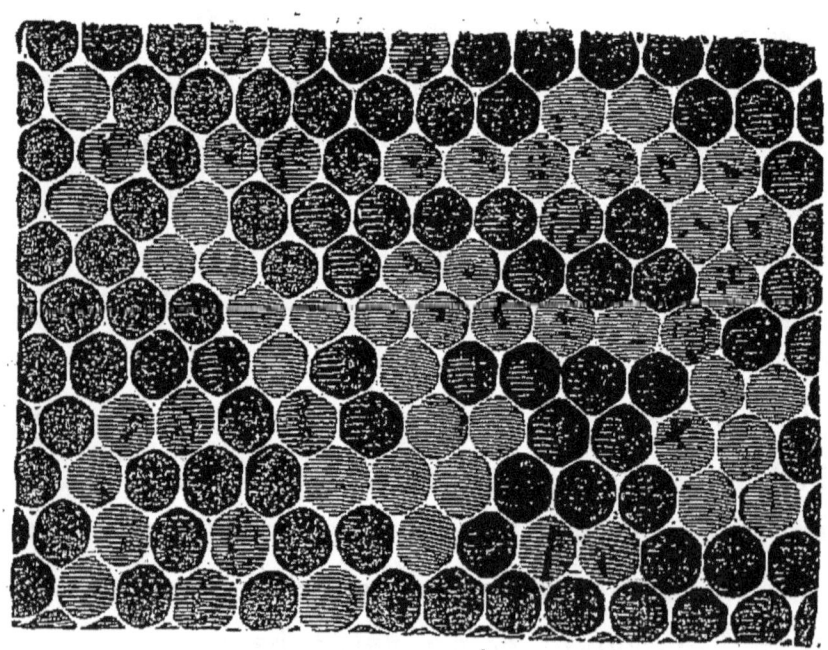

35.—Mall Epil.

achos o hono, megys cychod gwellt yn cael eu gadael allan, heb gysgod priodol drostynt, neu gychod coed heb eu diddosi yn iawn. Dylid cymeryd y gofal mwyaf gyda'r clefyd hwn, am ei fod yn heintus, a gall ymledu drwy'r wlad mewn ychydig amser. Y modd i'w adnabod yw, fod arogl ffiaidd yn y cwch. Arwydd arall yw, fod yr epil yn marw cyn deor, yr hyn a ellir ei wybod, drwy fod capiau y celloedd wedi pantio, yn lle bod yn grwb, fel y bydd pan fyddo'r epil yn fyw. Arwydd arall yw, fod yr epil yn wasgaredig, ac nid yn gryno gyda'u gilydd, a'r capiau wedi eu haner dynu ymaith, a bydd yr epil wedi haner bydru, ac yn debyg eu lliw i goffi. Gwel darlun 35ain. Gan fod bron yn analluadwy gwella'r clefyd hwn, ac os mewn cwch gwellt y bydd, gyrer y gwenyn allan o hono, a llosger y cwch, y diliau, a phob peth a berthyn iddo. Yna cadwer y gwenyn yn y cwch gwag, gan eu porthi â surfedd, wedi dodi ychydig o *Cheshire's Phenol Solution* ynddo, a dyma'r cynghor i ddarpar y moddion hyn:—

Cheshire's cure for foul brood, 1 wns.

Dwr ... ... 1 peint.

Rhodder wns o'r cymysgedd yma mewn peint o surfedd. Os yn yr haf y byddys yn gwneud hyn, gwell fyddai gadael y gwenyn yn y cwch hwn i godi diliau newyddion, a phorther hwynt â surfedd fel y nodwyd, neu surfedd a Salicylic Acid Solution ynddo, yr hwn a wneir fel y canlyn:—

Salicylic Acid, $\frac{1}{2}$ wns.
Soda Borax, $\frac{1}{2}$ wns.
Dwr .. 2 beint.

Cymysger hwynt yn nghyd, a doder y cymysgedd hwn mewn potel, hyd nes byddo anghen am dano, a chorcier ef yn dyn. Mewn peint o surfedd doder llonaid llwy de o'r moddion uchod, i borthi y gwenyn ag ef.

Os mewn cwch coed y ceir yr afiechyd hwn, symuder y gwenyn yn fuan i gwch glân. Os na fydd y clwyf ond newydd ddechreu, gellir arbed y diliau, a dadgapier y celloedd y byddo'r afiechyd ynddynt. Chwystreller y celloedd hyn yn bur fanol ag un o'r ddau gymysg uchod, ar wahan i'r surfedd. Dylid cyfyngu y gwenyn i hyny o ystramiau a allant eu gorchuddio'n rhwydd. Cymerer pob ystram fêl oddiarnynt, a phorther hwynt â surfedd wedi ei gymysgu ag un o'r ddau foddion uchod. Mae rhai dros gymeryd mel y gwenyn hyn, ac ar ol ei ferwi, rhodder un o'r ddau foddion uchod ynddo i fod yn ymborth eilwaith i'r gwenyn. Gwell genym ni beidio ei roddi o gwbl, am fod perygl lledaenu'r haint. Os penderfynir ei roddi, na rodder ef i wenyn iach, ond i'r rhai y mae'r clefyd arnynt. Gofaler rhag rhoddi y diliau afiach yn y tyniedydd, nac mewn dim a gyffyrddo â'r gwenyn iach, onide lledaenir yr haint. Dylid bod yn hynod ofalus am hyn. Hefyd, dylid golchi'r cychod yn lân, a'u hysgwrio mewn dwr poeth, fel y byddys yn sicr o'u dadheintio, a chymerer *Phenolated Soap* i'w golchi drachefn. Yna chwystreller y cychod heintus, a phob peth a berthyn iddynt, gyda *Phenolated Solution*, a doder hwynt yn yr awyr agored, ac na wneler un defnydd o honynt am amser maith. Dylid gofalu am olchi dwylaw yn berffaith lân, cyn ymyraeth dim ag un cwch arall, a golcher hefyd bob peth y gwneir defnydd o hono, megys cyllell, dysglau, a'r ochr allan i'r fegin. Os bydd y clwyf wedi myned yn ddrwg iawn, rhaid lladd y Frenhines, am y bydd ei hwyau yn heintus, ac felly yn parhau yr afiechyd.

Er atal yr afiechyd i fyned o'r naill gwch i'r llall,

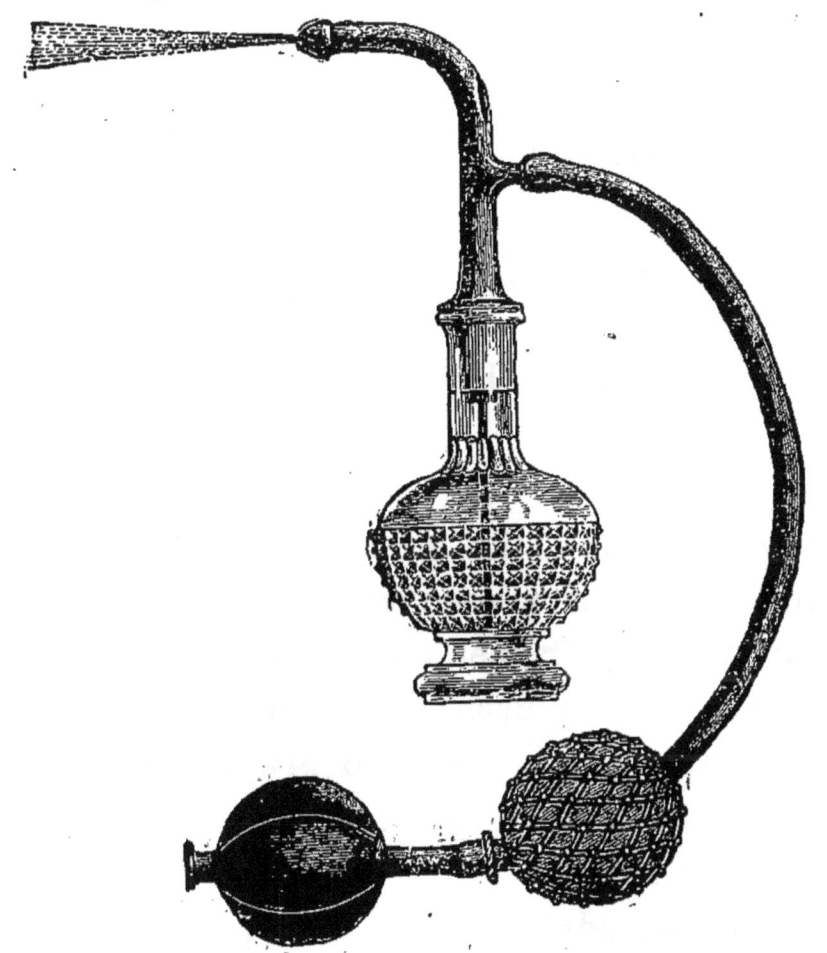

36.—Gwlith Seuthydd.

peth da yw rhoddi camphor yn y cychod iach a fyddont o gylch yr un afiach, neu goffi wedi ei falu.

Hefyd, defnyddier *Carbolic Acid* yn lle mwg gyda'r gwenyn. Yr offeryn goreu i'w roddi yw hwn. Gwel darlun 36ain. Rhodder ef o'r un gryfdwr ag i ddofi gwenyn. Gwel *Llonyddu Gwenyn*. Doder *Salicylic Acid* hefyd yn yr ymborth a roddir i'r gwenyn, os byddys yn eu porthi.

GELYNION Y GWENYN.

Y gelyn gwaethaf i'r gwenyn yw'r

CWYR-WYFYN (*Waxmoth*),

yr hwn sydd fath o loyn, tebyg i bryf y ganwyll, ac a â i fewn i'r cwch i blith y diliau i ddodwy ei wyau, y rhai ar ol deori a gynyrchant bryfed i ddyfetha'r crwybr, yr epil, a'r mel. Yn y nos y bydd y lleidr hwn yn myned i'r cychod. Yr arwydd ei fod wedi ymosod yw, y gwelir darnau o grwybr, ac ysmotiau duon arnynt, yr hwn yw baw y gwyfyn, o gylch genau y cwch. Os cedwir y cychod yn gryfion, a Brenhines ganddynt, nid oes perygl oddiwrth ymosodiad y gelynion hyn. Na adawer darnau o grwybr o gylch y wenynfa, i hudo y rhai hyn i nythu ynddynt.

MALWOD.

Y gelynion nesaf yw malwod, y rhai, er eu bod yn ymddangos mor anarfog, ydynt yn gallu myned i'r cwch er gwaethaf y gwenyn, ac ni chyffyrddant â hwynt, am eu bod mor oerion. Bwytâ'r malwod y mel, a'r crwybr i ryw raddau; ond y drwg mwyaf a wnant yw gosod eu llysnafedd ar y cychod, a bod ar y ffordd, fel y gedy'r gwenyn y lle, ac yr ânt yn llwyr allan weithiau. Er eu hatal, ffordd dda yw codi'r cychod o gyrhaedd y llawr, a gofalu na fyddo porfa yn tyfu o'u cwmpas i unrhyw uchder mawr, a chadwer y wenynfa yn hollol lân, a'r cychod yn sychion. Bydd rhai yn rhoddi blawd llif o'u cylch, a thywallt halen arno.

LLYGOD.

Gelynion peryglus i gychod gwellt yn y gauaf yw llygod, y rhai ni ddeuant i redyn a roddir o gylch y cychod, ond tynir hwynt i nythu mewn gwellt. Peth da yw to brwyn, neu froc i'w roddi o gylch cychod, os na fydd rhedyn. Dylid gofalu am ladd y llygod gyda thrapiau neu gathod, onide andwyant y gwenyn, os ânt i fewn atynt. Ni fedr llygod fyned i gychod coed, os bydd y fynedfa yn ddigon cul.

PRYF COPYN.

Mae copynod hefyd yn elynion i wenyn, os goddefir iddynt mewn gwenynfa i wneud eu gweoedd,

LLYFFAINT DUON.

Mae'r llyffant du hefyd yn elyn dinystriol i wenyn. Os bydd mantais iddo ddringo at enau y cwch, eistedda wrth y drws yn dawel, a chipia bob gwenynen a ddiango allan gyda chyflymder mellten. Bydd y gwenyn yn tyru wrth ddrws y cwch, pan y byddo yno, ond bydd arnynt ormod o ofn ymosod ar lyffaint na malwod.

ADAR.

Gelynion eraill yw mathau o adar. Y Penlöyn (Blue Tit) sydd fwytâwr cyflym o wenyn. Mae natur yn darpar y llyffaint a'r adar i fwyta gwenyn meirw, er cadw y wenynfa yn lân; ond rhaid eu cadw o fewn eu terfynau priodol, onide gwnant fwy o niwaid na lles, am y bwytânt rai byw, os na chânt wenyn meirw.

CACWN GEIFR.

Mae cacwn geifr hefyd yn ymosodwyr ffyrnig ar gychod gweiniaid, yn enwedig yn yr Hydref, a dylid eu dyfetha, drwy eu trapio i botelau duon, a dwr a thriagl ynddynt, wedi eu gosod DAN y cychod, onide bydd nifer fawr o wenyn yn beryglus o fyned i'r poteli. Glanhäer y poteli yn ddyddiol, drwy eu gwaghau â hidlen i ryw lestr, a rhodder y cacwn yn y tân. Doder y dwr melus yn ol yn y botel i drapio y cacwn eilwaith. Hefyd, lladder pob cacynen geifr yn y gwanwyn, am mai Brenhines yw pob un o'r rhai hyny, ac wrth ladd Brenhines, lleddir nythaid ar unwaith. Os bydd cacwn yn lluosog, gwell fyddai culhau geneuau y cychod, er mwyn rhoddi mantais i'r gwenyn amddiffyn eu hunain. Hefyd, dyfether nythod cacwn geifr, drwy lenwi'r fynedfa â thar glo (coal tar), neu chwyther hwynt i fyny â phylor, neu ysgaldier y nyth â dwr berwedig, os bydd y lle yn fanteisiol i hyny. Os na leddir y cywion oll yn y pridd, deuant allan yn gacwn mewn amser.

MAGU A CHYFLWYNO BRENHIN-ESAU I'R CYCHOD.

Mae y gwenynwr deheuig a phrofiadol yn gofalu codi nifer o Freninesau at ei angen, am fod Breninesau yn myned yn hen, a'u gallu i ddodwy yn cael ei ddiyspyddu, â thrwy hyny, nid ydynt yn gallu cadw'r haid yn ddigon cref i weithio yn y ffordd oreu. Pryd arall collir y Frenhines yn ddamweiniol pan y byddo yn myned allan i gyplu â'r begegyron. Os dygwydd hyn, pan fyddo wyau yn y cwch, mae'r haid yn meddu gallu i godi Brenhines o'r wyau hyn. Ar ol colli y Frenhines, bydd y gwenyn yn ymwylltu, ac yn rhedeg fyny ac i lawr yn y cwch, fel pe byddant yn chwilio am dani. Ar ol bod yn y cyflwr hwn am bedair awr ar hugain, ymlonyddant, a pharatoant i godi Brenhines newydd, yr hyn a wnant drwy ddewis cell ag wy, neu gynrhonyn tridiau oed. Y peth cyntaf a wnant wedi hyny yw gwneud cell Brenhines o'i gylch. Gwel darlun 5ed. Yna porthant ef ag ymborth neillduol, a rhoddant gymaint o fwyd weithiau, fel y bydd yno lawer yn ngweddill. Er mai wy cyffredin yw hwn yn y dechreu, eto drwy gael bwyd a thriniaeth arbenig, deora ar Frenhines mewn un diwrnod ar bymtheg. Mae yr ymborth a'r driniaeth, nid yn unig yn ei galluogi i ddodwy, ond yn newid ei chyfansoddiad, drwy ei gwneud yn hirach gwenynen na'r gwenyn gweithio, a'i hadenydd yn fyrach, ac y mae ei cholyn yn gam, ac nid yn syth, ac nid oes ganddi un fasged ar ei chluniau i gario paill. Mae ei llygaid a'i mantfachau yn llai nag eiddo'r gwenyn gweithio. Hefyd oddiarni y mae Brenhines Gymreig yn dywyllach, ac yn oleuach o dani, ac yn loeyw i raddau. Er bod y gwenyn yn gallu gwneud y peth rhyfedd yma, buasai yn fantais fawr pe buasai gan y gwenynwr Frenhines i'w rhoddi iddynt yn union ar ol iddynt golli yr hen un.

MAGU BRENHINESAU.

I godi Brenhinesau, y mae e o'r pwys mwyaf i'r gwenynwr ddethol Brenhinesau da i epilio o honynt, a dylent fod tua dwy flwydd oed, er mwyn gallu gwybod pa fath wenyn y maent yn ei epilio—a ydynt yn weithgar a hawdd i'w trin. Yn bur aml, y gwenyn mwyaf anhydrin yw'r gweithwyr goreu, ond nid bob amser.

Er mwyn gochel llosg epilio (in breeding) cymerer dau gwch, a symbyler y Brenhinesau i ddodwy drwy ei porthi, fel y byddont yn gryfion yn gynar yn y gwanwyn, cyn yr ymddangoso'r begegyron yn y cychod eraill. Dylai epil un o'r Brenhinesau hyn fod yn hawdd i'w trin. Symbyler Brenhines y cwch hwn i fagu begegyron, drwy roddi ystram neu ddwy, a chrwybr begegyron yn nghanol nyth yr epil, a dodwa y Frenhines ynddynt. Pan fyddo'r begegyron hyn wedi deor, cymerer y Frenhines ymaith o'r cwch arall, a choda'r haid hòno nifer o gelloedd Brenhinesau. Ni ddylid gwneud hyn ar un cyfrif, oni fydd y cwch yn bur gryf, ac yn agos a bod yn barod i heidio yn naturiol. Dylid atal y cwch yma i godi dim bgegyron, drwy ofalu na fyddo dim crwybr begegyron ynddo. Yn mhen tua deuddeg diwrnod ar ol cymeryd y Frenhines o'r cwch hwn, cymerer dwy ystram o ryw gwch arall, ag epil ynddynt, a'r gwenyn arnynt, a doder hwynt mewn cwch gwag mewn lle newydd. Drachefn, cymerer dwy ystram o'r un cwch a mel ynddynt, a gwenyn arnynt fel o'r blaen, yna cymerer dwy neu dair o ystramiau eraill, ac ysgydwer y gwenyn oddiarnynt i'r cwch newydd, gan ofalu nad eler â'r Frenhines gyda hwy, a doder yr ystramiau yn eu holau yn yr hen gwch, a llanwer yr hen gwch i fyny ag ystramiau gweigion, gyda chrwybr dodi ynddynt,

Eler i'r cwch sydd yn codi Brenhinesau, a thorer un o'r celloedd hyn ymaith. Ni ddylid ysgwyd ystramiau y byddo celloedd Brenhinesau ynddynt, rhag eu niweidio, ond ysguber y gwenyn yn dringar oddiarnynt. Torer cell y Frenhines ymaith gyda chyllell deneu, a miniog, a darn o'r crwybr gyda hi yn y ffurf o V. Wedy'n doder yr ystram yn ei hol cyn iddi oeri. Yna eler i'r cwch newydd, a chymerer un o'r ystramiau epil allan, a thorer bwlch ynddo i weddu y gell Frenhinol a dorwyd allan. Am fod y darn hyny yn y ffurf o V a'i ben llydan i fyny, bydd y crwybr yn ei gynal rhag cwympo, ond gwell fyddai ei sicrhau â dau bin wrth y crwybr yn yr ystram, gan ofalu rhag niweidio'r gell Frenhinol. Doder yr ystram yn ei hol yn y cwch, a gofaler rhag ei dodi yn rhy agos i'r ystram arall, rhag niweidio'r gell. Yna cyfynger arnynt â'r gwahanfwrdd, a hulier hwynt yn briodol i'w cadw yn hollol gynhes. Hefyd, dylid culhau y fynedfa, rhag ofn i'r gwenyn eraill ymosod arno yn ei wendid. Dylid ei edrych yn mhen cwpl o ddiwrnodau, neu dranoeth, rhag ofn fod gormod o'r gwenyn wedi myned yn eu holau. Os byddant wedi myned, cymerer ychwaneg o ystramiau o'r un cwch ag y cymerwyd gwenyn o'r blaen, ac ysgydwer hwynt i'r cwch newydd. Os bydd yno ychwaneg o gelloedd Brenhinesau, gellir gwneud â'r rhai hyny drachefn yr un modd ag y darlunir uchod.

Yn mhen tua phum niwrnod ar ol i'r Brenhinesau hyn ddeor, ant allan i gyplu gyda'r begegyron. Gan nad oes dim begegyron iddynt gael, ond y rhai a ddarparwyd iddynt, bydd eu hepil yn sicr o fod yn rhai hawdd i'w trin, am fod gwenyn gweithio yn eu tymher yn ymdebygoli i'w tad, ac yn eu gweithgarwch i'w mam.

Y ffordd oreu i wenynwyr gael Brenhinesau ieuanc yn lle yr hen rai ydyw, lladd yr hen Frenhinesau tua dechreu Awst. Yna cyfoda'r heidiau Frenhinesau ieuainc yn eu lle. Er mai drwg fel rheol yw cadw cychod heb Frenhinesau, yn yr amgylchiad yma y mae yn fuddiol, am na wna'r gwenyn a fegir yn Awst gasglu mel y flwyddyn hôno, gan fod y cynhauaf mel drosodd, ac yn y gwanwyn byddant feirw cyn dechreu gweithio, ac arbedir porthiant, a'r llafur o fagu y rhai hyn, ac felly ceir llawer ychwaneg o fêl. Peth arall, bydd y Frenhines ieuanc yn barod i ddodwy ddechreu Medi. Hefyd, os bydd y cynhauaf mel yn darfod yn gynar, lladder y Frenhines yn niwedd Gorphenaf.

CYFLWYNO BRENHINESAU.

Er cyflwyno Brenhines i gwch, symuder yr hen Frenhines o'r cwch yn gyntaf, a rhodder y newydd mewn fronc (pipe cover cage), a gwthier ef i un o'r diliau lle y mae epil, a gadawer ef yno am tua deugain awr, fel y gallo'r gwenyn ymgydnabyddu â'r Frenhines. Heb wneud hyn, lladdent hi yn ddioed. Yna cymerer yr ystram hòno o'r cwch, a gollynger y Frenhines, drwy dynu y fronc ymaith yn araf. Os bydd y gwenyn yn rhoddi derbyniad caredig iddi, gellir rhoddi'r ystram yn ol yn y cwch. Os na fyddant, yr hyn a ellir ei weled drwy fod y gwenyn yn tyru ar ei chefn, ac yn ei llusgo, dylid ei rhoddi yn y ffronc drachefn heb y gwenyn, a gellir ei gollwng drachefn yn mhen tua phedair awr ar hugain. Bob tro wrth ymyryd â'r cwch, dylid rhoddi ychydig fwg i'r gwenyn, iddynt ymlenwi â mel.

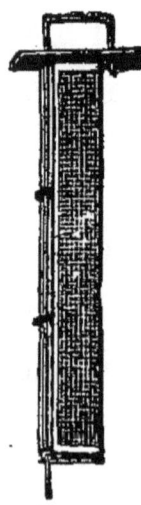

Ffronc 37.

Mae math arall o ffronc. Gwel darlun 37ain. Ar ol tynu'r hen Frenhines allan o'r cwch, doder y Frenhines newydd yn y ffronc uchod, yr hon sydd i'w rhoddi rhwng dwy o'r ystramiau wedi eu lledu ychydig oddiwrth eu gilydd. Yna gwasger y diliau fel y caffo'r Frenhines fêl yn nhop yr ystram, ond gofalor na fyddo y ffronc yn taro'r dil yn y gwaelod, er mwyn i'r gwenyn ymgydnabyddu â'r Frenhines. Porther y cwch â surfedd, er mwyn cadw'r gwenyn mewn tymher well i dderbyn y Frenhines. Os ffronc Abbot a fydd, gellir gollwng y Frenhines drwy godi y wifrau yn y top, a'r hon a egyr ddrws bychan yn y gwaelod. Os ffronc Raynor a fydd, gollynger hi *drwy* dynu allan y wifrau. Mae gan y rhai hyn y fantais o ollwng y Frenhines allan heb gynhyrfu'r cwch, ond y maent yn anfanteisiol i weled a fydd y gwenyn yn derbyn y Frenhines ai peidio. Cadwer y Frenhines yr un amser yn mhob un o'r ffronciau. Os na fydd y Frenhines yn gallu cael mel o'r diliau, dylid ei gosod o fewn cyrhaedd y porthlestr i gael surfedd gyda'r gwenyn.

Gan fod y ffronciau hyn yn ddrudion, gellir gwneud un cartref fel y canlyn:—Cymerer darn o sinc mân-dyllog, a gwneler ef yn bibell tua ¾ modfedd o draws-fesur oddifewn, ac yn 6 modfedd o hyd. Gwthier wifren ar draws y bibell tua chwarter modfedd i un pen iddi i'w chynal rhag syrthio lawr rhwng dwy ystram. Llanwer y pen isaf hyd at yr haner â sugr a mel, wedi ei wneud fel toes tew. Yna doder y Frenhines yn y ffronc o'r top, heibio y wifren, a chauer ar ei hol â thopyn papyr. Doder hi lawr rhwng dwy ystram yn nghanol y cwch. Yna goll-ynga'r gwenyn y Frenhines yn rhydd drwy fwyta'r mel a'r sugr yn y bibell, y rhai a fyddant mewn tymher dda i'w chymeryd yn dawel. Gellir gwneud yr un modd â ffronc Howard. Gwel darlun 31ain.

Ffordd arall yw, ar ol chwilio am y Frenhines, tyner yr ystram allan y byddo hi arni, a lladder hi. Chwys-treller y gwenyn yn dda â surfedd, a sudd mintys yndd0. Doder y Frenhines newydd ar yr ystram, a chwystreller hi yr un modd a'r gwenyn gyda surfedd mintys. Chwystreller yr holl ystramiau eraill yn y cwch, i ddwyn y cyfan o'r un arogl.

Ffordd arall pur ddidrafferth yw, cadw'r Frenhines ar ben ei hunan am haner awr mewn ffronc (Pipe cover cage), neu mewn rhywbeth diarogl arall, megys glas gwin, a darn o gard yn gauad odditano, a gofaler am ei chadw yn gynhes. Yna cymerer hi at y cwch, a choder ymyl yr hulyn, a gollynger hi fewn yn ddystaw. Os bydd y gwenyn yn dod allan, rhodder ychydig o fwg iddynt. Min nos y dylid gwneud hyn, wrth oleu llusern.

MEL.

MEL HIDL.

Ar ol tynu'r mel o'r crwybrau gyda'r tyniedydd, rheder ef drwy hidlen fân, er mwyn tynu'r darnau a'r briwsion cwyr o hono. Er mwyn glanhau'r mel yn fwy trylwyr, rheder ef drachefn drwy lian main, a gofaler ei fod yn gynhes cyn gwneud hyny. Goreu po gyntaf y gwneir hyn ar ol tynu'r mel o'r cychod, a chynllun da yw gwneud hyny o flaen y tân. Os bydd gan y gwenynwr lawer o fêl, byddai yn dra manteisiol iddo gael y mel-hidlydd canlynol, sef tin tua dwy droedfedd a haner o ddyfnder, a hidlen oddifewn iddo. Yn yr hidlen yma y mae gogr bras i ddechreu, a gwlanen hidlo (tamy cloth) odditani. Coder y tyniedydd a'r mel i ben bwrdd, a doder y mel-hidlydd odditano.

Agorer y cloryn (valve), a gadawer y mel redeg i'r hidlan, yr hon sydd yn ffordd hynod o ddidrafferth. Mae'r hidlydd yn offeryn rhagorol i addfedu'r mel: y mae'r mel addfed yn myned i'r gwaelod, a'r un anaddfed yn aros ar y gwyneb, yr hwn y dylid ei godi ymaith, rhag iddo suro'r cwbl. Er fod y gwenyn fel rheol yn addfedu'r mel cyn ei gapio, nid ydynt yn gwneud hyny bob amser. Y modd y maent yn ei addfedu yw, drwy roddi ychydig yn mhob cell, a'i ledaenu dros arwynebedd mawr, ac nid llenwi ychydig o gelloedd ar unwaith, a'i gapio. Wedi ei ledaenu fel hyn, bydd y mel yn addfedu oddiwrth wres y gwenyn, drwy fod y gwlybaniaeth yn tarthu ymaith, yna casgla'r gwenyn ef i nifer llai o gelloedd i'w gapio ar ol eu llenwi. Os bydd y mel yn dyfod i'r cwch yn rhy rwydd i addfedu'r cyfan, y mae'r gwenyn weithiau mewn prysurdeb yn ei gapio heb ei addfedu. Doda'r gwenyn ychydig o sur mywion (formic acid) yn mhob dil o fêl er ei gadw rhag llygru. Dyma'r gwenwyn sydd yn y cwdyn wrth fon y colyn, a'r un gwenwyn sydd yn y morgrug a'r danadl poethion.

Os na fyddys am fyned i'r gost o gael y mel-hidlydd uchod, gall y gwenynwr ddodi y mel mewn rhyw lestr dwfn, a rhwymo llian ar wyneb y llestr, i'w roddi mewn ystafell gynhes, lle yr addfeda mewn ychydig ddyddiau.

Wedi i'r mel addfedu, gellir ei ollwng i botelau o waelod yr hidlydd, pan y ceir y mel addfetaf yn gyntaf, a'i wneud yn barod i'r farchnad. I wneud y mel i fyny yn y modd mwyaf gwerthadwy, dylid ei ddodi yn y poteli canlynol. Gwel darlun 38ain.

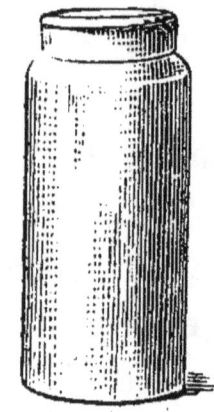

38.—Potel i ddal mêl.

Poteli gwydr yw y rhai hyn, gyda chap metel yn asgrwyo am eu cegau. Ceir rhai i ddal haner pwys, pwys, a deubwys. Dylid rhoddi llabed (label) daclus ar y botel, i ddweyd natur y mel.

Os gyda'r tren yr anfonir hwynt, y ffordd oreu yw eu beichglymu (pack) mewn coffr a digon o wellt o'u cylch, a rhodder rhybudd ar glawr y coffr fod gwydr ynddo, er mwyn cadw'r poteli rhag cael eu tori.

I dynu mel hidl o gwch gwellt, os bydd y diliau yn gryfion, gellir ei dynu â'r tyniedydd ; onide rhaid eu darnio â chyllell, a'u dodi i ddyferu drwy ogr mân. Gofaler am beidio cymysgu pob math o grwybr â'u gilydd, onide bydd y mel yn ffiaidd. Mae lluaws o hen wenynwyr yn stompio'r cyfan am ben eu gilydd cyn dodi'r mel i ddyferu. Gofaler am gadw'r crwybr epil ar wahan oddiwrth y diliau mel, a'r diliau sydd a llawer o baill, yr hwn a chwerwa'r mel. Hefyd y mae gwahaniaeth rhwng mel mewn diliau hen, a'r mel sydd mewn diliau newydd, a bydd mantais o'u potelu ar wahan. Os mel grug a fydd, nis gellir ei dynu â'r tyniedydd, na'i redeg drwy ogr, heb lawer iawn o drafferth, ac wedy'n ni cheir ef yn lân. Os bydd gan un lawer iawn o fêl, talai y ffordd i gael gwasg fêl.

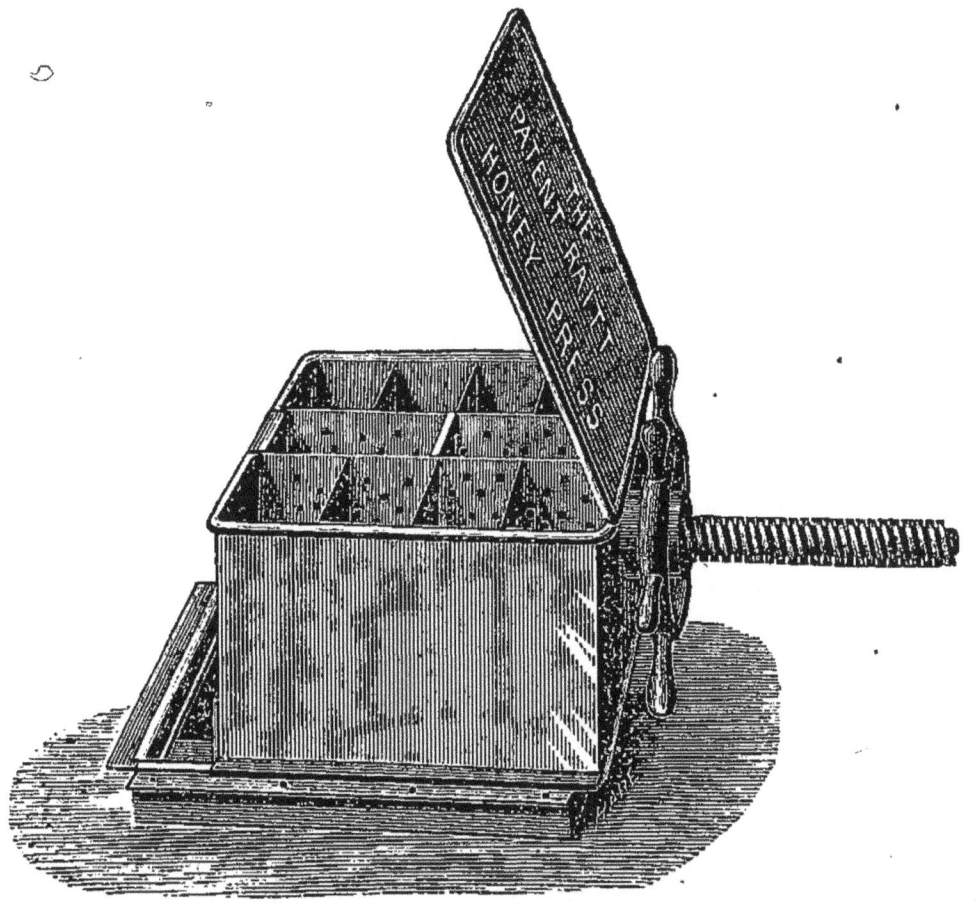

39.—Gwasg fêl.

Gwel darlun 39ain. Yr hon a dyn fêl grug, fel pob mel arall, yn lân, ond nid heb ddyfetha'r crwybr. Gan fod hon yn ddrud, gellir cael un a wasga ychydig o fêl am 1/6. Gwel darlun 40ain. Byddai hon yn ddefnyddiol i wasgu pethau eraill.

Pan y daw mel i gael ei ddyfarnu gan feirniad mewn arddangosfa, gofynir iddo fod yn oleu ei liw, yn loyw, yn drwchus, o flas da, ac wedi ei ddodi i fyny yn y modd mwyaf marchnadol. Er ei fod yn fêl da, os na fydd wedi ei lanhau yn briodol, a'i sypynu yn daclus, ni chaiff gymeradwyaeth.

40.—Gwasg fêl fechan.

Mae cam yn cael ei wneud mewn beirniadaeth yn aml, drwy beidio rhoddi gwobr i fêl wedi caledu, yr hwn yn fynych a fydd y rhagoraf, ac y mae mel da yn sicr o galedu. Gellir ei atal i galedu drwy ei dwymno i 92 o raddau, a'i botelu yn gynhes, a'i gorcio yn dýn, tra y byddo yn dwymn. Y mel goreu wedi caledu yw yr un â'r gronynau manaf. Pan y byddo'r mel yn dechreu gronynu, cymerer uwdffon neu lwy i'w droi yn dda, a gronyna yn fân a gwastad.

MEL DILIAU, NEU ADRANAU.

Ar ol tynu'r adranau o'r rhestl, glanhäer hwynt

41.—Blwch i ddal adran.

yn lân oddiwrth y glud a ddoda'r gwenyn arnynt (propolis). Dosbarther yr adranau, gan ddodi y rhai goreu gyda'u gilydd. Er mwyn eu dangos yn well yn y farchnad, doder hwynt yn y blychau a enwyd. Gwel darlun 41ain. Gall y gwenynwr ei hunan wydro ei adranau, os na fydd yn foddlon talu am y coffrau, drwy gael dau ddarn o wydr o'r un maint â gwyneb yr adran. Yna cymered ribyn o bapyr ¾ modfedd o led, wedi ei ludio ar un tu, ac yn ddigon o hyd i gyrhaedd o amgylch yr adran. Sicrhaer ef ar ymyl yr adran, gan adael ½ modfedd o'i led i hongian drosodd. Doder y gwydr ar wyneb yr adran, a throer y papyr glud am dano, wedi ei wlychu.

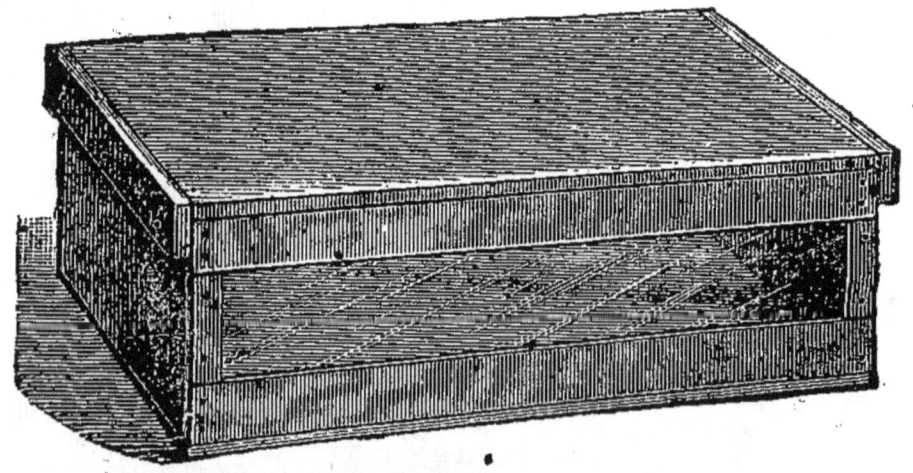

42.—Coffr i anfon adranau.

I anfon adranau gyda'r tren, detnyddier y coffr uchod. Gwel darlun 42ain. O herwydd fod yr adranau i'w gweled drwy'r gwydr, cymerir mwy o ofal am danynt. Mae y blwch hwn yn un rhagorol i ddangos yr adranau mewn marchnad, ac y mae yn eu cadw yn hynod o lân.

Y GWENYNYDD. 105

Rhagoriaethau adranau yw, eu bod wedi eu llenwi yn wastad at y coed, y capiau o liw goleu, a'r mel yn oleu yn y diliau.

CWYR.

Ar ol rhedeg y mel yn lân o'r diliau, y dull goreu

43.—Cwyr-dynydd.

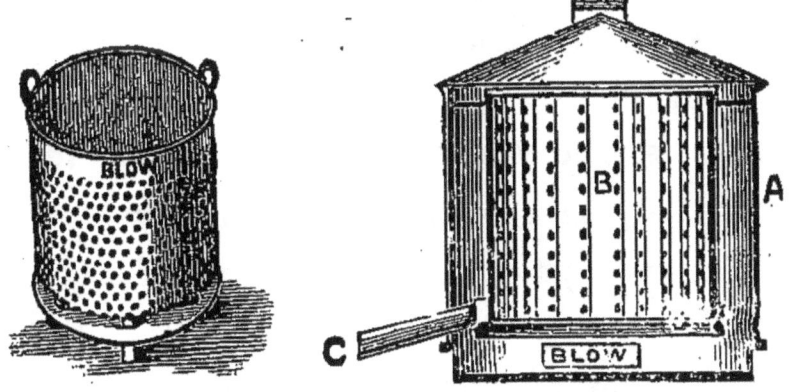

43.—Eto yn dangos tu fewn yr uchod.

doddi'r crwybrau yw, eu rhoddi yn y peiriant a alwn

yn cwyr-dynydd (wax extractor). Gwel darlun 43ain. Doder y cwyr-dynydd ar y tân, wedi llenwi y llestr isaf â dwfr. Rhodder y cwyr yn y cawell rhwyllog uwchben y dwfr-lestr. Pan ferwa'r dwfr, y mae anwedd poeth y dwfr yn toddi'r cwyr yn y fasged, yr hwn a red allan drwy'r dwsel (spout). Dylid rhoddi dysgl ac ychydig ddwr yuddi i dderbyn y cwyr. Mae'r offeryn yma yn hylaw iawn i ddal y capiau a dynir oddiar y diliau mel. Trwy eu dodi yn y cawell rhwyllog, dyfera'r mel yn lân allan o honynt, a bydd y capiau cwyr yn y man y mae eu heisieu. Os bydd eisieu cael y cwyr yn hynod farchnadol i'w ddwyn i arddangosfa, rhwymer llian main am drwyn y dwsel, i'w lanhau yn well nag y gwna'r cwyr-dynydd. Os byddys am ganu'r cwyr i fod yn oleu iawn, todder ef amryw weithiau, a thywallter ef i ddwr oer bob tro.

Mae cwyr-dynydd rhatach na'r uchod i'w gael, yr hwn a elwir yn gwyr-dynydd y tlawd (poor man's extractor) yr hwn a ellir ei gael am 1s. 6c. gan unrhyw fasnachwr mewn telmau gwenyn. Mae yr offeryn yma wedi ei wneud o ddwy ddysgl din, yr uchaf i weddu ar wyneb yr isaf, ac y mae gwaelod yr uchaf i fod o sinc rhwyd-dyllog. I'w ddefnyddio doder dwfr yn y ddysgl isaf, a'r crwybr yn yr uchaf, a rhodder ef mewn ffwrn, a thodda'r cwyr, gan redeg lawr i'r dwfr. Pan oera'r dwfr, bydd y cwyr yn gacen ar ei wyneb.

Os na fydd yr offerynau uchod gan y gwenynwr, doder y cwyr mewn piser, a'r piser mewn crochanaid o ddwr berwedig ar y tân, a chauad arno, os bydd modd, er mwyn i'r cwyr doddi yn gynt. Wedi i'r cwyr orphen toddi, rhwymer llian ar enau y piser, a hidler ef drwy ei dywallt ar ddysglau wedi eu gwlychu yn gyntaf, rhag iddo lynu ynddynt, a bydd yr anmhuredd wedi ei adael ar ol. Os byddys yn myned â chwyr i ryw arddangosfa, bydd y beirniad yn gofyn am i'r cwyr fod yn oleu ei liw, ei ronynau yn fân, ac yn ddigon brau wrth dori. Wrth ei osod yn y genau, os glyna yn y danedd, bydd hyn yn dangos ei fod heb ei buro yn briodol. Os berwir gormod arno, bydd yn myned yn fwy gwydn o hyd, ac os berwir rhy fach, bydd ei ronynau yn freision.

CYNGHORION CYFFREDINOL.

TRAFOD YSTRAMIAU.

Ar ol gadael digon o amser i'r gwenyn ymlenwi â mel, pan y byddys yn rhoddi ychydig o fwg yn y cychod i'w hagor, y mae yn angenrheidiol bod yn ofalus iawn wrth dynu'r ystramiau allan. Os na fydd y cwch yn llawn o ystramiau, tyner y gwabanfwrdd ymaith, a lleder ychydig ar yr ystramiau oddiwrth eu gilydd, am fod perygl lladd y gwenyn, a dichon y Frenhines, os bydd yr ystramiau yn rhy agos i'w gilydd. Os bydd yr ystramiau yn llenwi'r cwch, fel na fydd modd eu lledu oddiwrth eu gilydd, neser ychydig iawn ar yr ystramiau at eu gilydd, gan ofalu peidio gwneud gormod i ysigo'r gwenyn, er cael digon o le i godi'r ystram gyntaf, ac yna ceir digon o wagle i nesu'r gweddill i bellder priodol oddiwrth eu gilydd. Pan y byddys yn trafod ystramiau, gofaler cadw y top i fyny, rhag i'r diliau syrthio allan o'r ystram, os na fyddant wedi eu wifro; a phe byddent, rhedai'r mel allan, os na fydd wedi ei gapio.

Pan yn chwilio am y Frenhines, neu yn gwneud rhyw orchwyl tebyg, byddai yn fuddiol cael y dilgarfan a ganlyn. Gwel Darlun 42ain, yr hwn y gellir

42.—Dil Garfan.

ei fachu wrth ochr y cwch i gynal yr ystramiau.

Dylai fod gan bob gwenynwr goffr digon mawr i gynal pump neu chwech o ystramiau, er mwyn cario'r diliau o'r cwch, wedi eu glanhau o wenyn, i'w cario i'r tyniedydd. Mae hyn yn ffordd hwylus nid yn unig i gario'r ystramiau, ond hefyd i'w cadw rhag i'r gwenyn

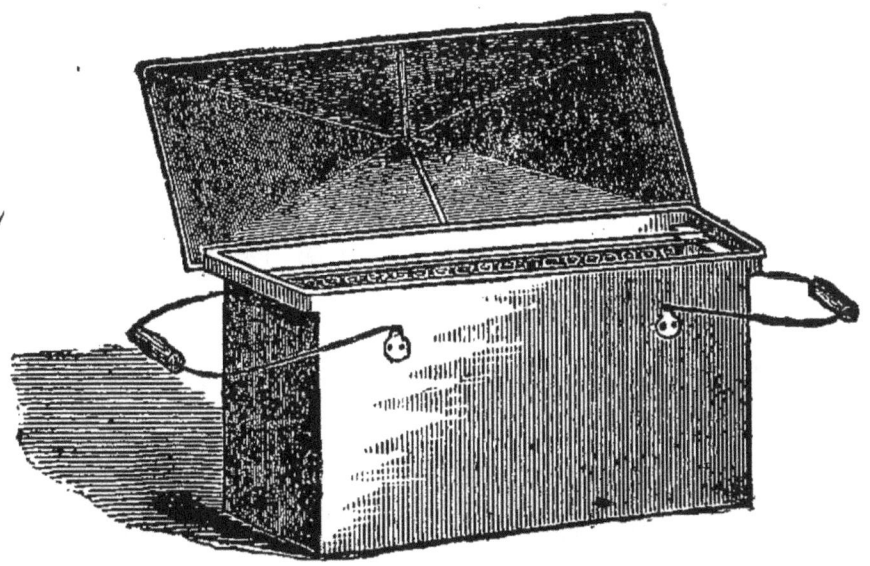

43.—Coffr i ddal ystramiau.

ddwyn y mel. Gwel darlun 43ain.

ADRANAU.

Wrth dynu adranau llawn o fêl o'r rhestl, gocheler rhoddi gormod o fwg i'r gwenyn, rhag iddynt dori'r capiau, ac felly gwneud yr adranau yn anfarchnadol.

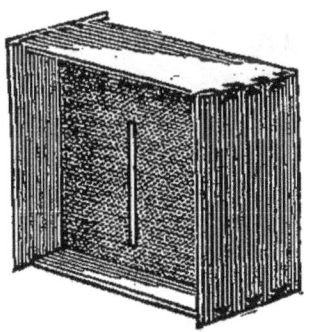

Mae yn anhawdd cael gan y gwenyn lenwi yr adranau yn dda, a thueddol ydynt i adael tyllau yn y corneli. I rwystro hyn, gofaler am roddi llonaid yr adranau oll o grwybr dodi, ond torer rhigol

23.—Adran Howard.

bychan yn ei ganol, rhag iddo ymestyn ac ystumio gan wres y gwenyn. Gwel darlun 23ain.

GWAITH Y GWENYNWR AR WAHANOL DYMHORAU Y FLWYDDYN.

Fel y mae y ffermwr medrus yn gofalu am ei wartheg, a'i geffylau, neu fel y mae bugail da yn trin ei braidd, felly y mae yn rheidiol i'r gwenynwr amrywio ei waith a'i driniaeth o'r gwenyn ar wahanol dymhorau y flwyddyn.

Y Gwanwyn.

Tua diwedd Mawrth neu ddechreu Ebrill dylid edrych y cychod, er mwyn gwybod yn mha gyflwr y byddont. Os byddant yn brin o fwyd, dylid eu porthi â theisenau o sugr, wedi rhoddi ychydig flawd ynddynt. Os bydd y Frenhines wedi dechreu dodwy, a'r gwenynwr yn dewis cael ei gychod yn gryfion erbyn y cynhauaf cyntaf o fêl oddiar goed ffrwythydd yn nechreu Mai, os bydd yno ddigon o fêl, gall eu symbylu drwy ddadgapio y diliau gyda chyllell bwrpasol.

44.—Cyllell dadgapio.

Gwel darlun 44. Os na fydd yno ddigon, porthed gyda theisenau fel y nodwyd uchod. Dylid tynu allan o'r cwch yr ystramiau nad yw y gwenyn yn gallu eu gorchuddio, a chyfyngu arnynt gyda'r gwahanfwrdd. Tua diwedd Ebrill neu ddechreu Mai, gellir rhoddi ystramiau ychwanegol gyda chrwybr gwag, neu grwybr dodi yn y cychod, fel y byddo'r gwenyn yn cryfhau. I'r anghyfarwydd, gwell yw rhoddi'r ystramiau yr ochr allan i'r lleill, ond cynyddai y gwenyn yn gynt wrth eu dodi yn nghanol nyth yr epil. Ni ddylid dodi ond un ystram ar unwaith, a gofaler fod y gwenyn yn gorchuddio'r ystramiau oll cyn dodi rhagor. Yn y gwanwyn, yr amcan mawr yw tyru y gwenyn at eu gilydd, er mwyn creu y gwres rheidiol i fagu. Yn yr haf, yr amcan mawr a ddylai fod yw rhoddi digon o le iddynt. Cymerer o chwech wythnos i ddau fis er lluosogi cwch i fod yn ddigon cryf i weithio. Os bydd rhai cychod yn gryfion o wenyn, a'r lleill yn weiniaid, gellir cymeryd ystramiau epil o'r rhai cryfion i ychwanegu nerth y rhai gweiniaid. Os bydd cwch heb Frenhines, dylid ei uno â chwch ag y mae Brenhines ganddo. Gofaler hefyd am fod digon o gychod yn barod erbyn daw yr adeg brysur.

Yr Haf.

Pan ddechreua'r gwenyn gasglu mel ystorio, os mel diliau y bwriedir ei gael, rhodder rhestlaid o adranau ar dop y cwch. Os bydd adranau, a chrwybr wedi ei dynu allan ynddynt, bydd hyny yn gymhorth i dynu y gwenyn i ddechreu gweithio yn y rhestl. Gofaler rhoddi digon o le iddynt, drwy beiliaw rhestli ar eu gilydd. Gwneler yr un modd gyda chychod peiliaw, i gael mel hidl. Gofaler cadw digon o le i'r Frenhines ddodwy, drwy dynu mel â'r tyniedydd. Ar wres mawr, y mae eisieu awyro'r cychod, a'u cysgodi rhag yr haul.

Hydref.

Tua diwedd Awst, pan yr elo'r mel yn brin yn y meusydd, tyner y mel o'r cychod, ond yr hyn sydd reidiol i'r gwenyn auafu. Yna dylid eu porthi yn araf er symbylu y Frenhines i ddodwy. Goddefer y rhybudd unwaith eto, am gulhau y drysau, er atal y gwenyn yspeilio. Edrycher fod gan bob cwch Frenhines, onide rhaid cyflwyno un iddo. Dyma'r adeg uno heidiau gweiniaid â'u gilydd. Ni ddylid porthi i symbylu'r Frenhines ar ol canol Medi, neu ei ddiwedd y fan bellaf, pryd y dylid tynu yr ystramiau o'r cychod nas gall y gwenyn eu gorchuddio, a chasglu'r gwenyn at eu gilydd i fod yn gynhes. Porther y cychod can gyflymed ag y gellir, os na fydd ynddynt ddigon o ymborth gauaf, a diddoser hwynt yn ddiogel rhag oerni a gwlybaniaeth.

Y Gauaf.

Nid oes dim i'w wneud â'r gwenyn y gauaf, ond eu cadw mor dawel ag sydd modd. Os bydd yr haul a'r eira yn tywynu ar y cychod, dylid eu cysgodi, rhag i'r gwenyn ddod allan, a syrthio i'r eira, lle y byddant yn sicr o sythu a thrigo. Mae llawer o wenyn yn marw o herwydd diffyg gofal am hyn.

WYAU Y FRENHINES.

Un o'r pethau cyntaf y dylid ei ddysgu i fod yn wenynwr yw, adnabod wyau y Frenhines, y rhai ydynt debyg i flaenau edeu wen pur fain wedi eu tori â siswrn. Os bydd y Frenhines yn ieuanc, dodwa yn rheolaidd un wy yn mhob cell. Os bydd hi yn hen, dodwa yn aml yn afreolaidd, drwy ddodi dau wy, ac weithiau dri yn yr un gell, a rhipio y celloedd cyfagos. Os bydd cwch wedi colli'r Frenhines, ar rai adegau daw un o'r gwenyn gweithgar i ddodwy, yr hon bob amser a wna hyny yn hynod o afreolaidd. Nid yw wyau hon i'r llygad noeth ddim yn wahanol oddiwrth wyau y Frenhines, ac ni ddeorant ond ar fegegyron. I'r llygad cyfarwydd y mae wyau y gwenyn hyn yn adnabyddus, drwy eu bod yn edrych yn fwy cyflawn. Bydd yn gosod amryw wyau, pedwar neu bump yn yr un gell, a rhipia hefyd amryw gelloedd. Os gwelir dau wy yn yr un gell, a'r celloedd eraill yn cynwys wy bob un yn hollol reolaidd, mae y Frenhines yn bur epilgar. Mae y gwenyn gweithgar yn sicr o fwyta neu symud wyau gormodol, a gadawant un wy yn unig yn mhob cell. Mae yr wyau wrth eu dodwy yn cael eu gludio gan y Frenhines yn y gwaelod.

LLENWI CRWYBRAU GWEIGION A SURFEDD.

Mae cynllun newydd gan Howard o lenwi crwybrau â surfedd. Pan y bydd crwybrau gweigion eisieu eu llenwi naill ai i symbylu gwenyn neu i'w porthi at y gauaf, mae blwch pwrpasol i'w gael, yr hwn a haner lenwir â surfedd, yn yr hwn y dodir yr ystram, a chauir arni. Ysgytier ychydig wedyn ar y blwch, i'r

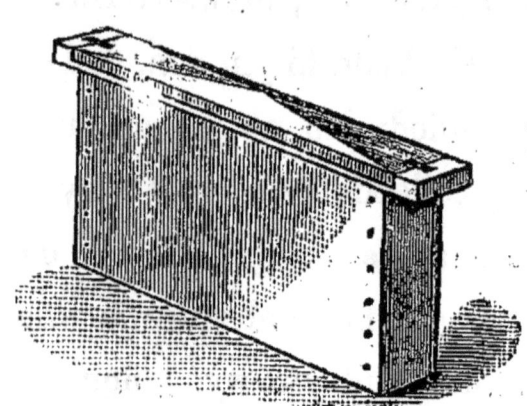

45.—Blwch i lenwi crwybrau a surfedd.

surfedd fyned i fewn i'r diliau; ac wedi i'r ystram orphen dyferu, rhodder hi yn ol yn y cwch. Os i symbylu y gwneir hyn, doder yr ystram lenwedig tu ol i'r gwahanfwrdd, wedi codi ychydig arno, i'r gwenyn fyned odditano, a chariait y surfedd yn raddol i'r cwch. Os i'w porthi at y gauaf, gwell yw ei rhoddi wrth ochr y gwenyn, tu fewn i'r gwahanfwrdd, i'w gymeryd yn gynt.

GEIR-RESTR.

Adranau, Sections
Amflwch, Outercase
Anwedd, Steam
Argraff-nodi, Stamp
Begegyron, Drones
Blwch, Box
Bodio, to finger
Bysblethu, to dovetail
Capio, to cap. Dadgapio
Cawell, Cage
Colfachau, loose butts
Crwybr gwneud } Comb foundation
Crwybr dodi
Crwybr epil, Brood comb
Cwch safonol, Standard hive
Cwch estynol, Combination hive
Cwyr wyfyn, Wax moth
Chwystrellu, to shringe
Dil-garfan, Comb-holder
Epil, Brood
Ffiniau tin, Tin dividers
Ffronc, Cage
Gwahan-fwrdd, Division-board
Gwahanlen sinc, Zinc divider
Gellaig, Pears

Gorchudd, Veil
Gweddu, to be contained
Cwlith-saethydd, Spray-difuser
Gwifr gladdai, Spur-embedder
Gwranc, pren croes
Heidiau gyr, Artificial swarms
Hil, Race
Llen, Sheet
Mant-fachau, Mandibles
Megin, Smoker
Mel hidl, Extracted honey
Paill, Pollen
Pisgwydd, Lime trees
Plomlin, Perpendicular line
Rhestl, Crate
Rhigol, Groove
Rhywydd, Currant trees
Sadio, Fasten
Surfedd, Syrrup
Trawsnewidiad, Transformation
Trawsfesur, Diameter
Tyniedydd, Extractor
Yslithren, Slide
Ystram, Frame

Cynwysiad.

GWENYN— *tudal.*
    Ymborth Gwenyn 9
    Rhywiau o Wenyn 12
    Trawsnewidiad Gwenyn Bach 13
    Crwybr y Gwenyn 13
    Y Gwenyn yn Epilio 14
    Gwahanol Hiliau o Wenyn 15
    Gwenyn Italaidd 15
        Eto Cyprus 16
        Eto Carniolaidd neu Awstriaidd ... 16
CYCHOD 17
    Y modd i drin Gwenyn mewn Cwch Gwellt ... 18
    Cychod Coed a Chrwybrau Symudol ... 20
    Cychod Peiliaw 21
    Y modd goreu i weithio'r Cwch uchod er cael Mel yn y Diliau 23
    Y modd goreu i gael Mel Hidl 26
    Cwch Safonol Cymru 32
    Cychod Estynol 36
GWAHANOL FATHAU O RESTLI—
    Rhestl ac Ochrau 40
CRWYBR DODI (Comb Foundation) 42
    Y modd i osod Crwbr Dodi yn yr Ystramiau 44
    Y modd i osod Crwybr Dodi mewn Adranau 45
Y TYNIEDYDD 46
    Y Dull i dynu'r Mel 48
LLONYDDU GWENYN 49
GYRU GWENYN 53
HEIDIO NATURIOL 54
CYCHU GWENYN 57
HEIDIAU GYR 61
UNO HEIDIAU 65

CYNWYSIAD.

tudal.

TROSGLWYDDO GWENYN	68
SYMUD GWENYN	69
PORTHI GWENYN	71
GWENYN YN YSPEILIO	77
GAUAFU GWENYN	78
GWENYN GYR	81
CLEFYDON GWENYN	83
GELYNION GWENYN—	
Cwyr Wyfyn (Wax Moth)	88
Malwod	89
Llygod	89
Pryf Copyn	89
Llyffaint Duon	90
Adar	90
Cacwn Geifr	90
MAGU A CHYFLWYNO BRENHINESAU I'R CYCHOD	91
Magu Brenhinesau	92
Cyflwyno Brenhinesau	95
MEL—	
Mel Hidl	98
Mel Diliau neu Adranau	103
CWYR	105
CYNGHORION CYFFREDINOL	107
Trafod Ystramiau	107
Adranau	109
GWAITH Y GWENYNWR AR WAHANOL DYMHORAU Y FLWYDDYN—	
Y Gwanwyn	110
Yr Haf	111
Hydref	112
Y Gauaf	112
Wyau y Frenhines	113
Llenwi Crwybrau Gweigion â Surfedd	114
Geir-restr	115

W. P. MEADOWS,
Syston, Nr. Leicester,
Llaw-weithiwr pob math o Delmau Gwenynol.

Tyniedydd Raynor, 30/,

Enillodd y gwobrwyon uchaf yn mhob man y cafodd ei arddangos.

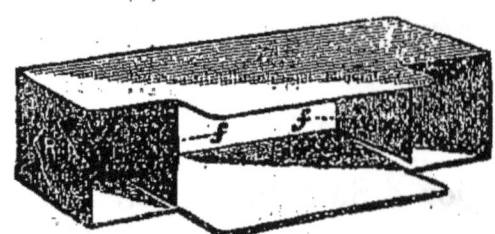

Penau Metel W. B. Carr.

5/6 per gross, cludiad 6c., 5 gross 22/6, 10 gross 40/. Porth-lestri, Hidlau, Meginau, Cwyr doddydd, Cyllyll, Cwyr dynydd, &c.

Anfonwch am Restr-lyfr yn rhad drwy'r post.

ABBOTT BROS., Southall, Nr. London,

Llaw-weithwyr a Masnachwyr mewn Telmau Gwenynol.

Adranau Undarn (American Sections)

O'r dosparth goreu, 19/- y fil; rhai a rhigolau ynddynt dderbyn Crwybr Dodi, 6c. y cant yn rhagor.

Crwybr Dodi

Wedi ei warantu yn bur. Prisiau yn ol y Rhestr-lyfr.

Cychod Gwellt,

Wedi eu gwneud o'r gwellt goreu, a'u pwytho a chansen, 2/- ac uchod.

Bachau Gyru,

Wedi eu gwneud o ddur, 6c. y cwlwm (set), cludiad 2c.

POTELI MEL.

Anfonir engreifftiau (samples) o'n Poteli Mel, yn cynwys amryw fathau newyddion, mewn coffr del, yn ol unrhyw gyfeireb a roddir yn y Deyrnas Gyfunol am 3/.

Lleinebau Mel (Honey Labels).

Deuddeg Lleineb wedi eu hargraffu mewn gwahanol liwiau, ac wedi eu llythyrenu yn ateb i bob math o fêl. Pris yn ol y Rhestr-lyfr. Engreifftiau o'r cyfan am 2c.

Blychau i ddal Adranau.

Prisiau yn ol y Rhestr-lyfr. Engraifft, 3c.

Caniau Surfedd, pris 4s. a 6s. yr un.

GRIMSHAW'S APIFUGE

I'w gael yn gyfanwerth, neu yn ail law, gan yr unig Oruchwyliwr, ABBOT BROTHERS, Southall. Pris 1/6 a 2/6 y botel.

JOHN H. HOWARD,

PRACTICAL MANUFACTURER,

The Model Apiary, Holme, Nr. Peterboro.

Ceisier rhestr-lyfr, ac enghreifftiau os bydd angen, cyn prynu mewn un man arall.

A ganlyn ydynt ddanghosiad o'r pethau a ddyfeisiais :—

Sylwer! Cychod Coed cyfan o 5/- i fyny. Crwybr Dodi wedi ei warantu'n bur, ac wedi derbyn amryw wobrau a thystysgrifau.

The Raitt Hive.

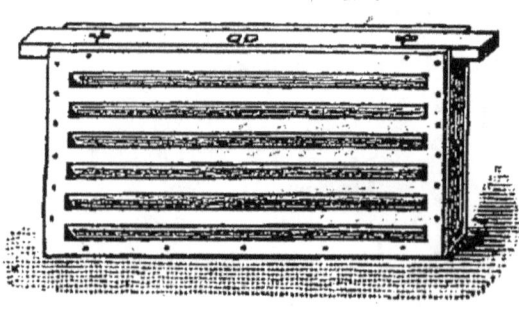
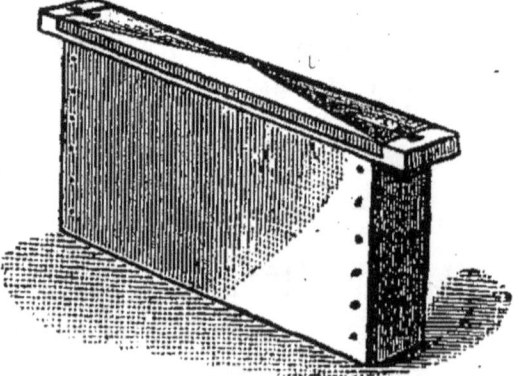

Drwy ddefnyddio'r uchod gwneir ymaith â Phorthlestri costus, a phorthir yn well ac yn gynilach.

Mae ein Tyniedydd yn well nag un arall. Sylwer ar y gwobrwyon a enillwyd.

Mae y ddyfais hon yn cario'r blaen ar bob un arall, a chydnabyddir mai hwn ydyw'r goreu fel Cwch defnyddiol, ac ar yr un pryd yn Gwch Gwydr i weled y gwenyn yn gweithio.

D.S.—*Dychwelir yr arian os na cheir boddhad digonol.*

JOHN H. HOWARD,
Practical Manufacturer,
The Model Apiary, Holme, Nr. Peterboro.

*Y nawfed argraffiad. Yr eilfed fil a'r bymtheg.
Gyda Darluniau,*

Llawlyfr y Gwenynwr Prydeinig

I drin Gwenyn mewn Crwybrau Symudol,
a defnyddio y Tyniedydd.

GAN

THOS. W. COWAN, F.G.S., F.R.M.S., &c., &c.

BEIRNIADAETH Y WASG.

"Cymer y gwaith ymarferol hwn, yr hwn sydd hefyd yn dra defnyddiol, y blaen mewn llenoriaeth wenynol, yr hwn a ysgrifenwyd er lles gwenynwyr anmhrofiadol. Gellir llongyfarch Mr. Cowan a'i ddarllenwyr ar ymddangosiad cyfrol sydd yn gynyrch meddwl meistrolaidd mewn trin gwenyn. Mae wedi ei egluro yn dda â darluniau, a'i ysgrifenu yn boblogaidd."—*British Bee Journal.*

"Nid yw y gwaith hwn yn hanes gwyddonol o'r gwenyn, ond yn arweinydd ymarferol."—*Live Stock Journal.*

"Nis gallwn derfynu heb anog ein darllenwyr i brynu yr arweinydd ymarferol hwn i drin gwenyn."

*Fcap. 8vo., papyr lliwiedig, 1s. 6c; llian gorcuredig 2s. 6c.
Cludiad 2c.*

TRAETHODAU LLAWLYFROL COWAN.

Rhif 1.—Y modd i ddefnyddio CYCHOD PEILIAW i gael mel lidl, ac yn y diliau, a'u hatal rhag heidio.
Pris 3c. wedi talu cludiad.

Rhif 2.—Y modd i wneud TYNIEDYDD a MEGIN.

Pris 6c. wedi talu cludiad.

I'W CAEL GAN BOB MASNACHWR CYCHOD, LLYFRWERTHWYR, YSGRIFENYDDION CYMDEITHASAU GWENYNOL, NEU GAN

Mri. HOULSTON A'I FEIBION, Paternoster Sq., London

At addysg ymarferol mewn cadw Gwenyn darllener

THE BRITISH BEE JOURNAL

Sefydlwyd 1873.

GOL. T. W. COWAN, F.G.S., F.R.M.S., &c.

Yr hwn a gyhoeddir yn wythnosol. Pris 2c.

Organ swyddogol Cymdeithasau Gwenynol Brydeinig.

I'w gael gan KENT a'i GYF., Paternoster Row, Llyfrwerthwyr y wlad, a Masnachwyr mewn Offerynau Gwenynol.

CEIR ATEBION I YMOFYNIADAU GAN BRIF WENYNWYR PRYDAIN.

I dalu yn mlaen 10/10 am flwyddyn ; 5/5 am haner blwyddyn.

HEFYD,

The British Bee Keepers' Adviser
AND
COTTAGER BEE KEEPER.

16 pages, Crown 4to.

Misolyn cyflwynedig yn hollol at wenynu ymarferol.

GAN COWAN.

Pris 1½c., 2/- y Flwyddyn.

I'w gael yn Swyddfa "British Bee Journal," J. Huckle, King's Langley, Herts, a phob Llyfrwerthwr.

DYMUNA THOMAS B. BLOW,
WELWYN, HERTS,

Gwneuthurwr Offerynau Gwenyn, ac Allforiwr Gwenyn Tramor,

Alw sylw at ei

Borth-lestri Perffaith

Goreu yn y farchnad,

Pris 1/6, 2/.

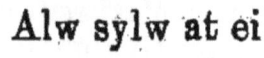

FFINIAU MORTEISIOL,

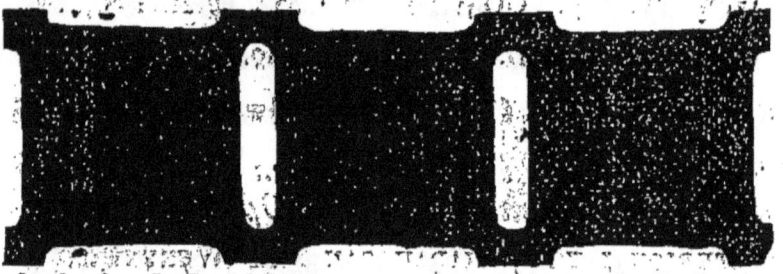

Y rhai o'u defnyddio a luniant y mel yn yr adranau yn y modd mwyaf marchnadol.

ADRANAU PEDWAR LLWYBR
(Four-way Sections)

O goed Basswood America, i'w defnyddio gyda'r ffiniau uchod.

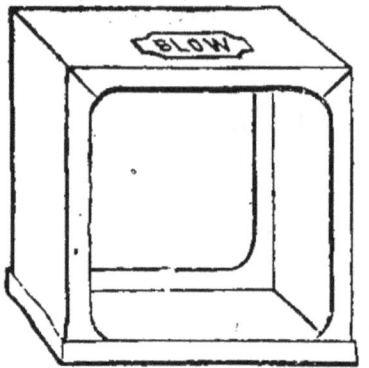

BLYCHOD AMLIWIEDIG

Metel, gydag ochrau gwydr, i arddangos mel-adranau, wedi eu cofrestru a'u breintebu, gyda chorneli crwn neu ysgwar, y blaenaf yn cuddio pob amherffeithrwydd yn y corneli.

Rhestr-lyfr (Catalogue) gyda chant o ddarluniau yn ddidâl, ond anfon am dano.

Cychod Coed i gadw Gwenyn

O'r fath oreu, am y prisiau iselaf.

POB MATH O GYNYRCHION AC ANGEN-RHEIDIAU GWENYN-GADWRAETH.

Ein Cwch Safonol.

(Gweler desgrifiad o hono yn tudal. 32 o'r llyfr hwn.)

Yr hwn yw y Cwch mwyaf ymarferol yn ol y drefn ddiweddaraf o wenyn-gadwraeth. Prisiau ei wahanol ranau fel y canlyn:—

(Mewn Ffawydd Coch)

	s.	c.
Llawr	2	0
Cwch, gyda deg Ystram a Gwahanfwrdd	3	0
Amflwch	2	6
To	2	6
Ystramiau, y dwsin	1	6
Rhestl Adranau, gyda 21 o Adranau 1 pwys	2	6

Pris is wrth gymeryd symiau.

H. H. Jones, Pontarisgen,
Dinas Mawddwy.

H. P. JONES,

Llanerch, Dinas Mawddwy,

GWENYNWR CYFARWYDD,

A masnachwr mewn pob math o delmau gwenynol.

Dymunaf alw sylw neillduol at y rhai canlynol:—

	£	s.	c.
Cwch Cowan, wedi ei baratoi gyda Chrwybr Dodi, yn barod i osod gwenyn ydddo	1	0	0
Eto gyda Rhestl ac Adranau	1	2	6
Cwch Safonol Cymru, wedi ei baratoi fel yr uchod	0	15	0
Cychod Estynol, o 12/6 i	1	1	0
Cychod Gwydr, o 10/6 i	2	2	0
Ystramiau y dwsin	0	1	6
Adranau y 100, o	0	2	6
Penau Metel Car, y dwsin	0	0	9

	£	s.	c.
Crwybr dodi (Comb Foundation)	0	2	7
Eto i'w roi yn yr adranau	0	2	9
Meginau o 2/6 i	0	4	6
Porth lestri, o 1/- i	0	2	0

Mae y rhai uchod o'r defnydd a'r gwneuthuriad goreu, ac os na roddant foddhad, ceir ei newid, neu ceir yr arian yn ol.

Hefyd, gellir cael heidiau neu Frenhinesau Cymreig, Italaidd, Awstriaidd, neu Cyprysaidd am brisiau rhesymol.

Rhoddir cyfarwyddiadau yn ddi-dâl i gwsmeriaid.

TELERAU—ARIAN PAROD.

BALA:
ARGRAFFWYD GAN H. EVANS.

www.ingramcontent.com/pod-product-compliance
Lightning Source LLC
Chambersburg PA
CBHW080545090426
42734CB00016B/3201